# 物理学者の
# すごい思考法

橋本幸士
Hashimoto Koji

インターナショナル新書 067

# はじめに

世の中には物理学者と呼ばれる人種がいるのですが、その生態はあまり知られていません。あなたの友人に物理学者はいるでしょうか？　おそらく答えは「ノー」でしょう。したがって、物理学者が繰り出す究極の思考法は、世間によく知られていません。

この本は、物理学者の一人である僕が、この究極の思考法である「物理学的思考法」をお伝えする本です。

物理学は、理系における究極論理の学問です。研究対象は、広大な宇宙から極小の素粒子まで、想像を絶する世界です。物理学者は、そういった浮世離れした対象のことを毎日、朝から晩まで考えるあまり、一般とは異なる思考方法に熟達しています。それを、物理学的思考法と呼びます。

物理学的思考法は、物事を抽象化し、奇妙な現象が発生する理由を論理的に推察するところから始まります。次に、自分で仮説を立て、それを実証するために実験や観測をします。自分の仮説が検証されると、物理学者は満足感を覚え、そして新しい現象を予言します。こういった一連の物理学的思考法が物理学者の間で伝承されているのです。

皆さんの周りに物理学者が見当たらないのは、物理学者と社会との接点が少ないからでしょう。1ミリメートルの10の12乗分の1の世界である素粒子を調べることと、日常世界の問題、例えば政治や経済、育児や教育などとの関係は、直接的なものではありません。宇宙や素粒子といった究極的な対象を研究する物理学者が、社会とはかけ離れたところにいるのも、おわかりでしょう。

しかし、物理学者は日本に現在1万人以上もいるのです。毎年の日本物理学会年次大会では数千人が集結し、成果を競い、物理学的思考法の集大成により、激論が交わされています。皆さんがお住まいの街にも、物理学的思考法の達人が潜んでいるのです。

この本は教科書ではありません。病気にかかった時に、まず医学の教科書を開く人はいないでしょう。病院へ行き、薬をもらって、毎日飲みますね。この本は、じわじわと効く薬のように書かれています。物理学的思考法を構成的に学ぶのではありません。この本には、理論物理学者である僕個人が培ってきた物理学的思考法を、日常に起こる様々な現象に適用したエッセイが書かれています。一つ一つの短いエッセイを、薬を飲むように読んでいけば、物理学的思考法がどんなものか、そしてその適用方法が体験できます。

皆さんの周りでは、色々な問題が日々発生しているでしょう。そして、解決に頭を悩ませているかもしれません。物理学は、現象が生じる原因を見つけ、問題が起こる仕組みを論理的に考え、そして問題のないシステムを提案する学問です。ですから、物理学でふんだんに用いられる物理学的思考法が、皆さんのお役に立つかもしれないのです。

皆さんは、発想の転換を必要としているかもしれません。物理学的思考法では、現象を全く異なる視点から見る、ということを行います。この本で取り扱っている「異次元の視点」が生む発想の転換は、皆さんの人生を豊かにしてくれるかもしれません。

皆さんが教育に関心をお持ちなら、お子さんの論理力や理系力を強化し、これからのビッグデータの時代を生き抜いてほしいと思われるでしょう。科学者になりたいと希望する小学生も大変多いようです。この本には、僕個人がどうやって科学者になったか、つまり物理学的思考をどう培ってきたかも書かれています。

この本では、本来は物理学の研究において基本となる物理学的思考法を、身の回りの現象に適用しています。数多い僕の失敗も赤裸々に綴りました。物理学は99パーセントの失敗と1パーセントの成功の学問ですから、皆さんも失敗を恐れないでください。

この本をより楽しんでいただくために、次ページからの「使用上の注意」をよく読み、用法・用量を守って正しくお使いください。

**使用上の注意**

1. 次の人は服用前に書店に相談してください。
①物理学によりアレルギー症状（発疹など）を起こしたことがある人。
②すでに物理学者の人。

2. 服用後、次の症状が現れた場合は副作用の可能性がありますので、直ちに服用を中止してください。
・故意に理系専門用語を多用し、周囲に白い目で見られる。
・服用前より理系嫌いが進行する。

**効能** 理系力強化、理系教育、論理力の強化、理系ワードの習得、論理読み取り力の向上

**用法・用量**
一日一回、適量を読んでください（ただし、小児に服用させる場合には、保護者の指導監督のもとに服用させてください。なお、本書の使用開始目安年齢は生後144ヶ月以上です。また、本書は内服しないでください）。

## 成分とそのはたらき

有効成分（1ページ中）

理系専門用語（およそ1語）……理系ワードを習得します。

論理的展開（およそ1段落）……論理力を強化します。

物理学者の気持ち（およそ1段落）……物理学者の頭の中にお連れします。

＊その他、添加物として、物理学専門用語解説コラムが付属しています。

## 保管及び取り扱い上の注意

①本書を服用しても、物理学者が必ず作られるとは限りません。

②本書は、服用しやすいようにエッセイの形をとっています。したがって、内容と効能について、他の物理学者が本書に同意するはずはありません。一人の物理学者である著者個人の気持ちが描かれていますので、そのつもりで服用してください。

③使用期限は服用し始めてから2ヶ月です。使用期限内であっても、品質保持の点から、開封後はなるべく早く服用してください。

④小児の手の届くところに保管してください。

# 目次

# 第1章　物理学者の頭の中

## エスカレーター問題の解

エスカレーターに乗った時に、ステップの右側に立つか、左側に立つか。東京と大阪では反対なので、新幹線で移動した時などに迷ってしまう人も多いだろう。なぜ日本全国で統一しないのだろうか。

そもそも、片側だけに立ち、反対側は歩いて上り下りする人のために空けておく、という慣習があること自体が問題だ、という言い方もできる。混んでいる駅などでたくさんの人たちがエスカレーターに乗ろうと殺到し、しかしながら片側だけに立つために、エスカレーターの乗り場が大混雑している様子を、都市圏では毎日見ることができる。実のところ、片側だけに立つより、混んでいる場合は両方に立つ方がたくさんの人数をさばくことができる、というイギリスの実験結果も知られている。ならば、エスカレーター上で歩かないように慣習を変更できないのだろうか？

こういった問題は、すでに社会に定着してしまっている慣習を変更するというのだから、解くのは大変難しいようだ。であれば、画期的な「デザイン」の変更で、解を導くしかない。そう考えるのは僕が科学者だからかもしれないが。

容易に思いつく解として、例えば、エスカレーターをそもそも1列にする、というのがある。2列だから「片側」という概念が発生する。1列なら、立ち止まるしかないだろう。また、もう少し刺激的な解として、エスカレーターの段差を2倍にしてしまう、というのがある。そうすれば、すでに階段の形をしていないので、エスカレーターを駆け上がるという行為もなくなるだろう。

エスカレーターに乗るたびに、こういった技術デザイン的な解を、素人ながら考えるのは楽しい。段差を倍にするなんて技術的にできるかどうかわからないけれど、乗ってみたい気もする。

そんなある日、香港に出張した僕は、驚愕(きょうがく)の風景を目にした。地下鉄の駅にある普通のエスカレーターで、両側にきちんと人が立っているのである。香港というと、非常に忙しく速足で歩いている人が多いイメージである。急いでいる人も多いはずなのに、なぜ、香港ではエスカレーターで両側に人は立つのだろう。

そこで、エスカレーターに乗ってみた。理由は瞬時に理解できた。高速なのである。日本の普通のエスカレーターに比べて、体感的には2倍ぐらい速い気がする。そもそも速いので、人々はあまりエスカレーターの上で歩かないのである。

僕は衝撃を受けた。人々を両側に立たせるためにはどんなデザインのエスカレーターにすればいいんだろう、どう作り変えればいいのだろう、僕はそんな風にしか考えていなかったのだ。香港の速いエスカレーター。考えてもみなかった解だった。

香港ではその後、嬉しくて、理由もなく何度もエスカレーターに乗ってみた僕だが、ふと我に返ると、自分のことが残念に思えてきた。自分のものの考え方、捉え方がとても狭いことを知らされた気がしたのだ。

どうも、専門性は考え方を固定化する傾向があるようだ。よくある理系ジョークに、花火大会での会話で専門がバレる、というのがある。美しい大きな花火が上がった時に、「今のはマグネシウムが多いな」とか言ったら化学系、「音の遅れから発火点は2キロ先」とか言ったら物理系、「仰角が30度だから三角関数が使いやすい」とか言ったら数学系、といった具合である。実はこの話はジョークでもなんでもなく、実際にあった話なのであるが、それはともかく、専門に首までどっぷり浸かりすぎると、花火が美しいという観点が全く変わってしまう、という典型例だろう。

受験の数学の問題と違って、世の中の「問題」には、実はたくさんの解がある。社会の観点からの解、物理の観点からの解、感性の観点からの解、多種多様である。問題を解くための前提の範囲や種類に応じて、解は複数存在する。だから、もし「本当の解」というものが存在するなら、それは多種の解の組み合わせなのだろう。花火が美しいのは、様々な解を統合しているからに違いない。香港の速いエスカレーターは、社会と物理の組み合わせ解だったようだ。

問題と同時に答えがある、と数学者は言う。その境地に達することは難しくても、例えば、逆に、解法が先にあり、解ける問題を探す、ということもあり得よう。世の中には無限種類の問題があって、解法は自分にしかわからないのだから。たまたま自分が解けて、しかもその問題が他の人にも重要だったら、運がいいのだ。

今日もエスカレーターの片側に立ち止まって乗りながら、そんなことを考えている。

# 無限の可能性

「若い君たちには無限の可能性があります」なんて言い方は、僕は絶対にしない。僕のような物理学者は皆、おそらくそうであろうと思う。というのは、もしそんな言葉を理論物理学者の若者たちにしようものなら、次のように質問されるからだ。

「無限というのは、どの程度大きいですか?」

世の中では気軽に「無限」という言葉を使いすぎる。僕がそのことを気にしているのは、職業病ということもあろう。しかしもう一つ理由があって、それは、世の中の安易な思考停止から自分が一歩抜け出るためのスイッチとして使っているから、ということである。

職業病だ、という意味を少しお話ししておこう。理論物理学者の仕事は、この世の中の現象を数式で記述して、そこから新しい現象なり将来の現象を予測することである。世の中の現象を数式で記述する際に、「無限大極限」を考える必要が出てくるため、僕はいつも「無限」を気にしてしまうのだ。例えば、散歩している時に、歩いている地面は平らだと思っているけれども、本当は地球は丸いので、地面は平らではなくて、ほんの少し曲がっているはずである。でも、そんな曲がりを普段考えなくてよいのは、地球が十分大きいから、曲がりの影響が小さいためである。この場合、地球の半径を無限大にする、という近似を行っているのだ。

人工衛星の運動を考えたり、月に行くロケットを考えたりする時には、地球が無限に広い平面であるといった近似をすることはできない。地球が丸いことを考慮する必要があるのだ。では、どういった時に「無限」にしてよくて、どういう時にはダメなのか、それを見極める必要があるのだ。理論物理学では常に、「無限にしたら話が簡単になるけど、それホンマに無限にしてええの?」という会話がなされている。

つまり職業病のために、「無限の可能性」という安易な言葉に過敏に反応してしまうだけなのかもしれないが、そもそも「無限の可能性」はどのくらい大きいのだろうか。

とても美味しい料理に出会った時、「こんな料理考えた人は天才やな」と思うことがある。世界で初めてスイカに塩をかけた人も天才だろう。一方、現代の料理人は、新しい料理を創り出すことに生涯をかけてチャレンジしている。果たして、あとどのくらい、新しい料理の可能性があるのだろう。無限にあるのだろうか。

スーパーにおよそ1000種類の食材があると近似しよう。そのうち、例えば5品を手にとって、それを順番に組み合わせて料理にしたとする（きっと料理人には大変失礼な近似だろうが、気にしないことにする）。すると、その組み合わせの数は10の15乗、つまり1000兆通りになる。ばく大な数字だ。近所のスーパーの食材でできる料理の種類でもこんな大きな数になってしまう。「組み合わせ爆発」と呼ばれる現象だ。では果たして、料理の可能性は無限と言えるのだろうか。

地球上の全人口を100億人と近似し、全人類が料理人であると仮定しよう。一日、朝昼晩と3種類の料理を考案する、というリーズナブルな場合を考える。先ほどのスーパーの食材をすべて試すのに、全人類が毎食料理を発案して試すとすると、結局、100年かかることになる。全人類が100年間！　もし全人類ではなく一個人としての料理人なら、毎日3食試しても、スーパーの全食材を5種類で踏破するのに1兆年かかることになる。つまり、このことから、「料理には無限の可能性がある」と言っても科学的に過言ではない。ただし、宇宙人が存在する場合を除く。

こういった組み合わせ爆発は、あらゆる身近な現象に見受けられる。例えば、自転車のチェーンロックにある4桁の番号はどの程度泥棒から自転車を守ってくれるのだろうか。

数字の可能性は1万通りなので、1秒に1個の数字を試せば、ざっと3時間ですべての可能性を試すことができる。3時間アルバイトをしても自転車を買うお金を貯めることは難しいから、泥棒には分がある。けれど、自転車置き場で3時間もチェーンロックを触っていたら、泥棒だとバレるだろう。つまり、4桁というのはギリギリ、いい感じなのだ。もしチェーンロックの数字が3桁だと1000通り、17分間だから、自転車を盗まれる。

物理学者ではない誰かが「無限」と口走った時に、「その無限というのはどういう意味ですか」と聞き返すほど、僕は世間知らずではない。なので、こっそり頭の中で考え始める。数分間考えた後、「確かに無限と言ってもいいな」と結論を得て、ほくそ笑む。その頃には、話題は全く違うものに移ってしまっている。あ、置いていかれた。僕は空を見上げる。

そんな無限の毎日である。

# 数字の魔力

時々、数字に取り憑かれたかな、と思うことがある。４桁くらいの数字が、一番まずい。その数字を見た瞬間に、数字が意味することを探し始めてしまう。１桁、２桁程度の数字なら慣れ親しんでいる。３桁は、なんとかなる感じがする。でも、４桁はまずい。挑戦されている気がするのである。

例えば、これを書いているのは２０１８年だ。まず一目見てこれは素数ではないから、がっかりである。その前年は２０１７年で、素数だった。素数であるかどうかを判定するには、その平方根までの素数で割れるかどうかを一つずつ確認するのだが、２０１７の場合その平方根はおよそ45程度なので、45までの素数くらいは覚えているから、なんとか素数判定できる。５桁の整数となると、素数かどうかの判定は難しい。我々はなんと幸せな時代に生まれているのであろう。西暦が４桁であるという時代のことである。

２０１８は偶数であるので、２で割れてしまう。だから、素数ではないとすぐにわかるので、つまらないのだ。けれども、7の2乗、8の2乗、9の2乗、とずっと足して、18の2乗まで足すと、ちょうど2018になることがわかったりする。つまり、平方数の和としてキレイに書けるのである。僕は安心した。2018は、素数という格別な種類の数字ではないにしても、まだ少しは特別な意味を持ちうる数字だ。

4桁の数字には、高校時代にさんざん悩まされた。塾に電車で通っていたのだが、当時は切符を買う時代である。すべての切符には、切符ごとに異なる4桁の整理番号が印字されていた。その4桁の数字が与えられた時に、数字の間に「+」や「÷」などの記号を入れて、計算結果を10にする数式を作る、という遊びが友達との間で流行っていたのだ。あらゆる論理コンビネーションを探るうち、結果を10にするための方策が浮かび上がってくるのが楽しい。しかし、いくら探しても決して10にすることができない4桁の数字など、非常に悩ましく、考えているうちに下車する駅に到着してしまい、切符を改札機に取り上げられるという悲劇が発生することも多かった。

ともかく、意味ありげな数字を見るのは、僕にはまずいのだ。

もちろん僕は、科学者という職業柄、毎日数字と向き合っているわけだが、僕のやっている素粒子物理学では、世間で想像されているような物理学の数字と向き合っているわけではない。物理学で想像される数字は、例えば野球のボールの速さは時速150キロメートルだ、とかいうもの。科学に親しんだ人なら、例えば地球の半径はおよそ6000キロメートルだとか、そんな数字を思い浮かべるかもしれない。素粒子物理学はちょっと違う。使う数字は、4桁の数字のパズルみたいなものに似ているものと、他には、非常に巨大な数字である。

例えば、現在まで科学者が発見した素粒子の種類は17だ。宇宙は17種類の素粒子、そして未発見の素粒子(暗黒物質と呼ばれる)で構成されている。しかし、なぜ17なのか、いったい素粒子は何種類なのか、という大問題には、人類は答えられていない。この問いに答えるのが素粒子物理学の一つの使命である。

もちろん、17という数字が素数だとか、そういう意味ではないことは、物理学者はよくわかっている。この数字の裏には、素粒子の種類の分類学があり、数学的には群論と呼ばれるもので素粒子の性質は規定される。なぜそのような数学の性質で素粒子が支配されているのかという問題は、パズル的な要素が強い。

一方、大変大きな数も研究で使われる。例えば、宇宙にある原子の数は10の80乗個程度、と見積もられたりする。「無量大数」という位が10の68乗であることからも、想像を絶する大きな数字である。なぜ宇宙にはそんな数の原子があるのか、を問うのも素粒子物理学である。著名な物理学者ポール・ディラックは「大数仮説」という考え方を提案した。宇宙と素粒子には10の40乗という数字が頻繁に出てくるのは偶然ではないだろう、という仮説である。例えば、陽子と電子の間に働く重力と電磁気力の大きさの比は、その程度である。10の40乗を2乗すると、先ほどの宇宙にある原子の数になる。なぜだろうか。

先日、電車を待っていたら、駅の構内の壁に小さく「１７５９」と書かれているのを見つけてしまった。単位も説明も書かれていない。何だろう。電車が来るまでには、それが素数であることはわかった。だが、誰が何の目的でその数字をそこに書いたのだろう。悩ましいにもほどがある。こんな時、ハタから見ると僕はその一点を凝視しながら固定されたように止まっているらしい。

電車に乗った後、妻は僕を見て「何か面白いことあったのね?」と聞く。僕の行動は、妻にバレているのだ。

## コラム1 素数の見分け方

素数とは、1、2、3、……という数字の中で、自分と1以外には割り切れない数のことです。例えば「7」という数字は、1と7以外では割り切れません。必ず余りが出てしまいます。左ページの図では、100までの素数に網かけをしてみました。皆さんはどの数が素数か、一目見てすぐにわかるでしょうか？　難しいですね。僕は職業柄、小さい素数は覚えていますが、大きくなっていくとお手上げです。実は、「素数を見分ける」という問題は、今も数学者や科学者をとりこにしています。

例えば、数がどんどん大きくなっていったとき、素数がどの程度の割合で発生するか、という問題は「素数定理」と呼ばれていて、ガウスやルジャンドル、エルデシュといった大数学者が挑んだ問題です。素数から、数学における多くの学問領域が誕生しています。

また、皆さんは日常的にも、気づかないうちに素数の考え方を使っています。インターネットを使うときに、暗号化によって守られた通信を行いますが、暗号化に「素因数分解」を用いるのです。素因数分解とは、数を素数の掛け算として表すことです。とても大きな数の素因数分解には、コンピューターによる解析でも大変長い時間がかかります。このことを逆手にとり、文章を暗号化できるのです。

図1　100までの素数（網かけした数字が素数）

| 1 | 2 | 3 | 4 | 5 | 6 | 7 | 8 | 9 | 10 |
|---|---|---|---|---|---|---|---|---|---|
| 11 | 12 | 13 | 14 | 15 | 16 | 17 | 18 | 19 | 20 |
| 21 | 22 | 23 | 24 | 25 | 26 | 27 | 28 | 29 | 30 |
| 31 | 32 | 33 | 34 | 35 | 36 | 37 | 38 | 39 | 40 |
| 41 | 42 | 43 | 44 | 45 | 46 | 47 | 48 | 49 | 50 |
| 51 | 52 | 53 | 54 | 55 | 56 | 57 | 58 | 59 | 60 |
| 61 | 62 | 63 | 64 | 65 | 66 | 67 | 68 | 69 | 70 |
| 71 | 72 | 73 | 74 | 75 | 76 | 77 | 78 | 79 | 80 |
| 81 | 82 | 83 | 84 | 85 | 86 | 87 | 88 | 89 | 90 |
| 91 | 92 | 93 | 94 | 95 | 96 | 97 | 98 | 99 | 100 |

つまり、「素数かどうか見分けるのが難しい」という事実のために、数学が発展し、そして皆さんの生活が守られているのです。

「47は素数でしょうか？」という問題に答えるのは簡単です。47より小さい数で一つずつ割ってみて、割り切れないことを示せばよいのです。でも、47回の割り算をするのは面倒ですね。実は47のルート（おおよそ7）までの割り算をすれば十分です。それより大きい数の割り算は、もし割り切れるなら商がそれより小さくなるので、割り算を試したことになるからです。お子さんと算数の競争をするときに、そうやってズルしましょう。タネを知ったお子さんは、きっと素数に興味を持ってくれるでしょう。

## ギョーザの定理

我が家の今日の夕食はギョーザだ。もちろん、大量に食べる子供たちがいる以上、ギョーザは手作りである。ミンチ肉とキャベツのみじん切りを混ぜ、タネを作る。ギョーザの皮をしこたま買ってきて、家族皆で、ヨーイドンでギョーザを作るのである。子供たちにとっては、学校の図工の時間の延長のようなものだ。

80個ほど作ったところで、終わりが見えてきたのだが、どうも、ギョーザの皮が足りない。タネが多すぎて、包みきれそうにないのだ。どうしよう、どうしよう。そういうことを悩む父をよそに、子供たちは着々とギョーザを作り続ける。

僕にはこれは、チャレンジである。明らかに、理論物理学者の登場の舞台である。ギョーザの皮とタネを、ぴったり、どちらも余らせることなく作り終えるには、どうすればいいだろうか。

僕は瞬時に解法に達した。ふむ、このまま、一つずつ同じギョーザを作り続けていくと、絶対にタネが余って、皮が足りなくなる。すなわち、ギョーザの形状を変更することで、タネが余らないようにしないといけない。しかしながら、タネを包む皮の大きさは決まっている。どうするか？

「UFOギョーザの出番や」と僕は叫んだ。子供たちはぽかんとした顔でこちらを見ている。

「なんや、UFOギョーザも知らんのか」

そこで、僕はさっそく、UFOギョーザを作り始めた。まず、皮を2枚、用意する。そして、タネの大きな塊を上と下から皮で挟み、周りを水でくっつける。これで、UFOのような形をしたギョーザの完成である。

「つくる！　つくる！」と子供たちは歓声をあげて、UFOギョーザを作り始めた。これはまずい。僕の目標は、UFOギョーザを作って子供たちの尊敬を集めることではなく、タネと皮がぴったり同時になくなるようにギョーザを作り終えることなのだ。

僕は子供たちに、くれぐれも急がずにギョーザを作るようにと言い残して、手を洗い、ペンを握った。ギョーザの定理を書き下ろすために。僕の頭はフル稼働した。2枚の皮でタネを包むと、普通のギョーザに比べて、どの程度、容量が増えるのか。様々な妥当な仮定の下、しばらく計算を進めてみると、UFOギョーザは普通のギョーザの3倍の量のタネを包み得ることが判明した。しかし、UFOギョーザを作るには、2枚の皮が必要である。皮とタネを余らせないためには、UFOギョーザと普通のギョーザをそれぞれ何個ずつ、作らねばならないだろうか？

つるかめ算や！　と僕は、ほくそ笑んだ。小学校で教えられる悪名高きつるかめ算、あれがついに人生で役に立つ時が来たのだ。かくして、「手作りギョーザの定理」が完成した。

「定理：具の量と比較してギョーザの皮がn枚足りない時、作るべきUFOギョーザの数はおよそnである」

非常に美しい定理に到達し、証明も終えた僕は、その定理を家族に披露しようと、ギョーザ作りのテーブルへと向き直った。すると、そこには、大量のUFOギョーザがあふれ、作業が終了していた。僕は憤慨して妻に尋ねた。

「これやったら、皮、むっちゃ余ったやろ？」

妻は冷静に答えた。

「ワンタンスープに使ったよ」

手作りギョーザの定理 (2017.4.16 K. Hashimoto)

具の量と比較してギョーザの皮がn枚足りないとき、
作るべきUFOギョーザの数はおよそnである。

証明.
- ギョーザの皮は円形であると仮定する。
- 皮のある半径より外周部は、くっつけるために使うため、無視する。
- 皮は面積を保てばどんな形にもなる。
(≒ area preserving diffeo.)

与えられた面積で囲まれる体積を最大にする形は球である。
皮の有効部の面積をAとすると、球の半径rは

$$全n枚の面積 = nA = 4\pi r^2 \quad \therefore r \propto \sqrt{n}$$

肉球の体積は $\frac{4}{3}\pi r^3 \propto (\sqrt{n})^3 = n^{\frac{3}{2}}$

即ち 皮1枚あたりの体積は $n^{\frac{3}{2}}/n = \sqrt{n}$ 倍になる。

UFOギョーザ は皮2枚を用いるので

$$2^{3/2} = 2.828 \cong 3.$$

即ち 2枚の皮で3個分の肉を包める。
つるかめ算により、題意は示された。

((注) ただし、肉が足りないと気付いた時に2n枚の皮が残っている必要がある。)

## 経路積分と徒歩通勤

物理学者というのは、常識が破綻している現象のウラに潜む法則を見つけるのが好きな人種だ。例えば、普通は電流を流そうとすると抵抗があるが、「超伝導」物質には抵抗がなく、電流がスルスルと流れる。僕は、そういう「異常」が好きなのである。

僕が理化学研究所に勤め始めた頃、通勤途中に明らかな「異常現象」を発見した。朝、研究所最寄り駅の和光市駅改札を出ると、研究者っぽい風貌の大量の人が、ある駅前ビルにみな吸い込まれていく。そのビルにそんなたくさんの人は入りきらないだろうというほどの数である。毎日、人の流れを電流だと思っていた僕は、明らかに興奮した。「和光市駅前に超伝導ビルが建っている」のである。

僕は数日間観察を続け、この異常現象のウラには、物理学でいう「経路積分」が潜んでいることを知って、さらに興奮してしまった。僕の興奮が皆さんに伝わるかどうか、もう少し詳しく、ここに記してみよう。

僕は歩くのは速い方だし、同僚の物理学者も速足の人が多いように思う。物理のことを考えながら歩く際には足が非常に遅くなるが、通勤の場合などは非常に速足である。しかし、僕は、単に運動のために速く歩いているわけではないのである。

誰しも、目的地に早く着きたいであろう。物理学者も同じである。そこで、あらゆる経路を試して「実験」してみるのである。物理学は実証科学である。科学とは、再現可能な実験によってのみ積み重ねられ、数式によって支配される学問体系である。科学に命をかけている僕のような物理学者は、必然的に、通勤も科学で支配されてしまうのである。

実験の方法は簡単である。まず、地図を見る。最近はグーグルマップなど自分の位置や方角がわかる地図がいつも手元にあるので心強い。ただし、高度の情報はないことに注意しなければならない。次に、地図において、出発地（例えば駅）と目的地（例えば勤務地の自室）の位置を確認する。そして、最短経路を予想する。ここまでが理論である。

理論が完成したら、次に実験をする。すなわち、毎朝毎夕、歩く。物理学で最も重大なのは、理論で予測されていた以上の発見をすることである。理論の予測を実験で確認するだけなら、わざわざ何度も実験する動機もなくなってしまう。このようにして、物理学者の日常に幸福が突然訪れるのである。

頻発する例として、地図では最短経路であると思っていたものが、急な坂道や工事、ゴミ収集車、通学路にあふれる小学生などで障害を発生させている場合がある。この場合、最短経路理論で再探索である。このように、理論は障害を乗り越え、実験により、最終的に一つの経路に落ち着く。これを僕は「徒歩通勤の古典力学」と呼んでいる。

物理学には古典力学と量子力学があると、読者も聞いたことがあるかもしれない。古典力学とは、粒子の運動が完全に一意に決まる力学のことであり、20世紀初頭まではすべての物理法則がそのようなものであると考えられてきた。しかしその後、古典力学では考えられないような粒子の挙動が発見され、それは量子力学と呼ばれるようになった。粒子は波のような性質も持ち合わせる、という考え方である。粒子と違って波は、進んでいく時に広がる性質がある。つまり、一直線に飛んでいくのではなく、ある程度の幅を持って広がりつつ飛んでいくのである。ノーベル賞を受賞した偉大な物理学者リチャード・ファインマンは、広がりつつ飛んでいく粒子の量子力学を、「経路積分」という考え方で再構成した。経路積分とは、あらゆる経路をまず考え、そしてそのあらゆる経路を粒子は飛んでいるのであるが、確率的に最短経路が最も選ばれやすく、距離が長くなるにつれて確率的に選ばれにくくなる、という考え方である。

僕は物理学者であるので、古典力学では記述できないような現象が好きである。すなわち、徒歩通勤の問題に勝利するには、古典力学ではなく量子力学の経路積分を駆使する必要がある。

難しそうな話をしたが、実は非常に簡単で、誰でも実行できる。毎日の通勤経路で、あり得ないような違う道を色々試してみるのである。すると、非常に面白いことがわかってくる。例えば、遠回りであると思っていた経路は、実は信号の切り替わるタイミングが美しく徒歩にマッチして意外と早い経路であったり、また、住民だけが歩いて通る路地裏の小道があったりして、地図に記載されていない経路を偶然にも発見することもある。こうした徒歩通勤の経路積分の結果、理論では予想できなかったような経路が発見される。

冒頭で紹介した「超伝導ビル」に、僕も恐る恐る入ってみた。すると、ビルには裏口があり、大量の人たちがビルを通り抜けて向こう側の裏通りへ出ていることを発見した。しかして、そのビルを通り抜ける道は、駅から理化学研究所への最短経路なのである。研究者があらゆる経路を試した結果、超伝導ビルが誕生したのである。

「超伝導ビル」は今日も、通り抜ける老若男女であふれている。異次元の経路積分を調べる仕事も、いつか世の中の役に立つかもしれない。

## コラム2 経路積分

経路積分という言葉は、理論物理学で用いられる専門用語で、大学でも通常の教養課程では学びません。理学部の物理学科の最終学年で、少し学ぶ大学生がいるかどうか、という専門レベルの概念です。大学院での理論物理学で学ぶことが多いようです。

つまり、かなり専門的な用語ですが、実のところ、この世の中の素粒子はすべて経路積分に従って運動しています。ということは、この宇宙がすべて経路積分という機構で動いているということなので、人類が学ぶべき最も重要な概念の一つとも言えるでしょう。

数式で表すと経路積分は難解な概念ですが、言葉で述べれば実はかなり平易です。まず「経路」と「積分」に分けてみましょう。積分は高校の数学で学ぶ考え方です。関数が与えられた時に、その関数とx軸で囲まれる部分の面積が、関数の積分です。任意の領域の面積を求めるのは、もちろん難しいですね。しかし、領域を短冊に切って、それぞれの短冊を長方形だと思えば、長方形の面積は縦×横で簡単に与えられます。積分とは、小さく分けてそれぞれを足し上げる、ということを意味していることがおわかりでしょう。

次に「経路」とはなんでしょう。物理学では、素粒子が地点Aから出発し、地点Bに到達する、という運動を考える時に、その経路はなんだろう、ということを問題にします。もし素粒子が人間で、地点Aと地点Bの間がすべて平坦な地形だったとしたら、AからBまでまっすぐ進みますね。これを「(等速)直線運動」と呼びます。しかし、平坦な地形でない場合は、経路は曲がった方が得です。このように、経路は物体の運動と関係します。

ミクロの素粒子の運動には、人間の運動と少し異なる点があります。それは、一つの経路だけを通るわけではない、ということです。実験を行うと、本当に、一つの素粒子が2つの経路を同時に通ったとしか考えられない実験結果が得られます。このような振る舞いを「量子力学」と物理学では呼んでいます。

いくつもの経路を同時に通るのなら、それらを足し合わせて、全体の経路を考えなければなりません。これを「経路積分」と呼びます。

地点Bに早く着くにはどんな経路がいいのだろう、と人間も頭の中で経路積分のような考え方をしますね。そういった自然な考えが、この世で最も基礎的な素粒子の運動を決めているということは、とても不思議なことです。

図2 経路積分の考え方

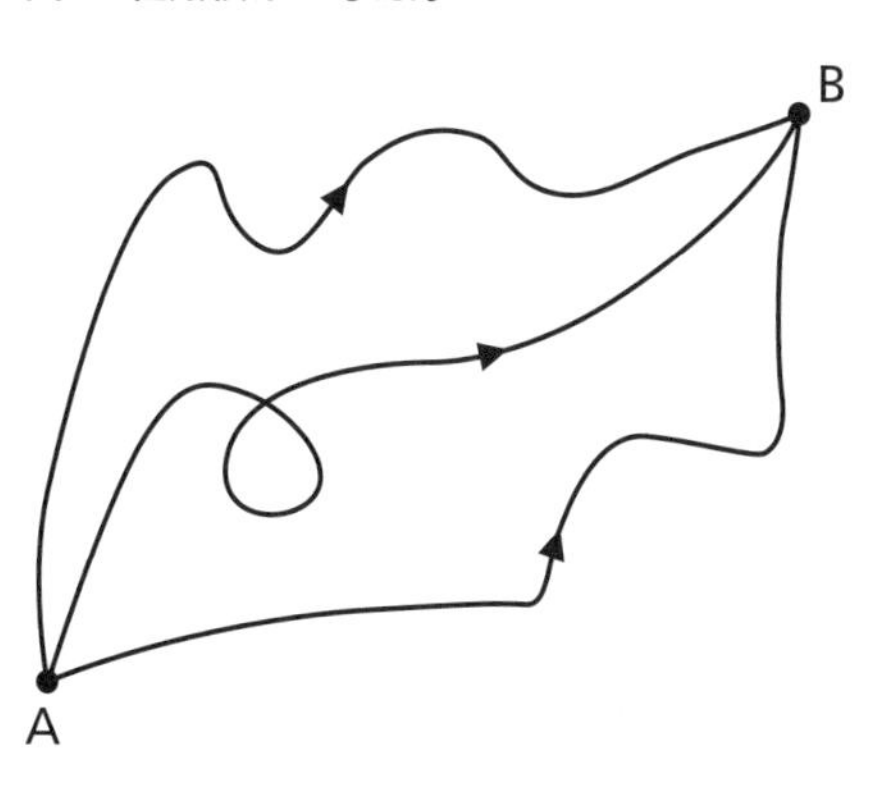

## スーパーマーケットの攻略

「今日はスーパーで3回も人にぶつかって、おっちゃんに怒られたで。自分では普通に歩いてるねんけどなぁ」

実際、3回のうち1回は自分もコケそうにすらなったのである。そんなしょんぼりした僕を見て励ましたかったのか、妻は明るい声で言った。

「スーパーでもぶつからへん『正しい歩き方』っちゅうもんがあるんやで」

この一言で、物理学を生業としている僕の闘争心に火がついてしまった。問題あるところ解あり。僕は買ってきたスーパーの袋を置いて、虚空を眺めた。

そもそも、なぜ僕はスーパーで何度も人にぶつかるんだろうか。そうだ、きっと僕が他の人と違う動きをしているからなのだろう。とすれば、もし僕が他の人と同じ動きをすればぶつからないはずである。つまり、すべての人間の動きを支配している法則がわかれば、僕もそれに従って運動する限り、スーパーでぶつかるなんてことは起こらないはずなのである。

人間の個体を気体分子で近似したとしよう。気体分子はランダムに動き、お互いに衝突したり壁面に衝突することで、気体の圧力を生み出している。人間も放っておくと無限回ぶつかるだろう。しかし、スーパーでの人間の動きはそうではない。そうか、気体ではなく、液体なのだ。同じ分子の多粒子系も、温度を下げると気体は液体になる。スーパーでの人間の動きは、まるで、入り口から入って出口を出ていく、パイプの中を流れる水のようだ。

僕は興奮してきた。これは僕の専門分野、物理学の問題だ。

待てよ。スーパーの通路は複雑に交わっている。縦横、いくつもレーンが存在する。そんな複雑なパイプに水を流したら、よどんで水が流れなくなる場所が出てきてしまうだろう。は、そうか！　そう、そこが、まさに僕が人にぶつかった場所のはずだ。液体分子が流れる方向を失ってよどんでしまう場所……「スーパーの危険地帯」だ。すると、スーパーに行った時に、「危険地帯」を避ければ僕は人にぶつからなくて済む。

僕はホッと安堵のため息をついた。

いや、待てよ。そもそも、今日行ったスーパーで、皆がぶつかっている場所なんてあっただろうか。ない。僕はそんな現象を観測しなかった。すると、僕の理論は間違った予言をしており、実験観測に合わず棄却される「死んだ理論」であるのだ。

「うぉー！」

いきなり呻いた僕に、妻の白い目が向けられている。落ち着け、落ち着け。スーパーに行く人間の共通の心理を想像してみよう。スーパーではあらゆる食料品が売られている。客は、今日の晩ご飯は何にしようか、などと考えながら棚を眺め、すべての可能性を考慮して品物を手に取っていくはずである。

すべての品物を見る？ それは大変な作業だ。効率的にスーパーのレーンを歩いていかねば、日が暮れてしまう。最短距離で、スーパーのすべてのレーンを歩くにはどうすればいいのか？

僕は瞬間的に解に達した。それは「一筆書き」である。スーパーの平面図を書き、それを一筆書きする方法を探せばよいのだ。僕は、昔読んだパズル本の巡回セールスマン問題を思い出した。「一筆書きで地図のすべての道を通る道順を見つけよ」。一般に一筆書きは難しく、答えとなる道順は一通りくらいしかない。

僕は、スーパーの平面図をなるべく詳細に思い出し、紙に書いてみた。かなり複雑である。交差点もあれば、三叉路もたくさんある。むむむ？　実は、「三叉路が3つ以上ある場合、一筆書きは存在しない」という定理がある。つまり解なし、か？

いや、待てよ。スーパーのレーンには、右の棚と左の棚がある。両方を一度には見られまい。つまり、レーンは1本に見えて、実は2回通らないと両側の棚を見られないのだ。レーン1本は、道2本に相当するのだ！　すると三叉路は六叉路となり、定理に抵触せず一筆書きが書ける！

なるほど、スーパーに行く人は全員、この一筆書きの経路で進んでいるに違いない。ようやくたどり着いたこの解が果たして正解なのか、僕は妻に詳細に論理を説明してみた。するとと妻はこう答えた。

「ちゃうちゃう。正しい歩き方は『前向いて歩く』やで」

# 時間は2次元？

身の回りに起こる様々なことが人によって違うように感じられるのは当然のことだけれど、興味深いことでもある。特に、自分一人がどう感じるかについても、それを感じる方法によって印象はずいぶん違うかもしれないから、同じことをするにも、いくつか違う方法で試してみるのは面白い。

毎朝同じ道を使って通勤していても、上を見ながら歩くのと下を見ながら歩くのでは、印象がずいぶん違う。音楽を聴きながら歩いたり、本をチラチラと読みながら歩くのも楽しい。もっと高級なのは、例えば、ある小説がテレビドラマ化されたり映画化されたり、もしくはラジオで朗読されたりすると、同じストーリーでも全く違う発見がある。「見る」ことと「聞く」ことを、人間は同時に行っている。同じ現象でも、知覚の方法が異なれば、全く違う解釈になってしまったりする。

実は、人間はすでに高次元に住んでいる、と最近、思えるようになった。

人間が目で見ている情報は、縦横高さの3次元空間の情報だが、僕たちは、それと同時に音の情報や匂いや触覚の情報も取り入れている。3次元空間を見る情報に加えて、聞いている音の情報は異次元方向の情報と考えることもできる。

もちろん、空間の中は移動できるけれども、音の「方向」へどう移動できるのか。これを実現するには、かなりの想像力が必要だ。高次元を知覚するという壁は、相当高いようだ。

卑近なことであるが、僕の生業としている物理学の超ひも理論という分野は、この世界の成り立ちを調べる学問である。例えば、この世界の空間が何次元か、ということも研究対象である。つまり、3次元ではない空間を考える職業である。

超ひも理論に現れる高次元空間を、どうやったら知覚化できるだろう？　そんな問いを一緒に考えてくれる仲間たちがいる。「超ひも理論知覚化プロジェクト」だ。その仲間たちと色々な話をしていた時、面白い問いが持ち上がった。

「時間の高次元を理解するにはどうすればいいのだろう」

僕が用意した答えは、次のような「小説」だった。

死体は、机にうつ伏せに寝た状態で発見された
に　　　　も　　　　見　　　　置　　　　は
も　　　　た　　　　え　　　　い　　　　ず
の　　　　れ　　　　た　　　　た　　　　だ
狂　　　　て　　　　の　　　　が　　　　っ
いの男が、留置されたが実際には、動いていた。
に　　　　め　　　　実　　　　私
走　　　　て　　　　は　　　　が　　　　嘘
っ　　　　い　　　　も　　　　ま　　　　だ
た　　　　た　　　　う　　　　だ　　　　か
私が刺したのは、まだギリギリに生きてたから
に　　　　に　　　　リ　　　　命　　　　で
残　　　　其　　　　シ　　　　を　　　　は
っ　　　　は　　　　ャ　　　　尊　　　　な
た　　　　私　　　　神　　　　く　　　　い
物は、一つの小さな虫の箱だけに思えてきた。
の　　　　薄　　　　像　　　　わ　　　　悔
す　　　　暗　　　　の　　　　な　　　　い
べ　　　　い　　　　様　　　　い　　　　が
て　　　　見　　　　に　　　　起　　　　残
が、罪の意識を大きく感じさせる動力でもある。

左上の「死」から読み始めてみよう。横書きだと考えて、まず右に読み進めてもよいし、縦書きだと考えて、下に読み進めてもよい。右に進むと、「机に」のところでまた、そのまま右に読み進めるか、それとも下に方向を変えて読むかの選択がある。この「小説」では、読む方向を交差点で自在に変えられる。チョイスは多く、全部で70通りの「小説」を読むことができる。

時間は1次元しかない。それは時刻で決められる。時間が2次元になるのを想像してみるために、まず空間が2次元の時を考えてみよう。地球の表面は2次元だ。目的地へ着くのに、右の道でも左の道でも選んでよい。それが、2次元だということである。1次元なら、方向は選べない。では、時間が2次元なら、同じように、どちらの「方向」へ自分が進めるのかを選べるのではないか。後戻りはできない、なぜなら、それは「時間」だからである。こんな風に考えて出来上がったのが、「時間2次元小説」だった。読めば読むほど混乱する小説だが、不思議と湧いてくる情感がある。

もちろん、現実の世界の時間は1次元である。けれど、時間が2次元だったらどうなるだろう、そんな些細な想像から、新しい科学が始まる。

# 近似病

物理学者は、色々なものを「近似」することに至福の喜びを感じている。物理学者に出会って何か話を始めたら、まずは、その瞬間にあなたが近似され始めているかもしれない。僕も「近似病」にかかって、もうかなり長い。残念なことに、近似病に効く薬はない。よくある物理学者の話し方を嗤（わら）うジョークに、「あそこに牛が見えますね。さあ、牛を球だと考えてみましょう」というものがある。物理学者の僕にとって、なぜこれがジョークなのか、全くわからない。これが近似病の症状である。おそらく僕の同僚の物理学者も皆、同じ病気にかかっているだろう。

ちなみに、物理学者も社会人である。近似病にかかっていても、「牛を球だとしてみましょう」に類したことを一般の場で言いだしたら、失笑を買うことを経験的に知っている。つまり、たとえ近似を頭の中でやっていても、言葉にはしないだろう。だから、あなたが誰か、近似病が疑わしい人としゃべっていたとして、話し相手が本当に近似病にかかっているかを診断するのは、かなり難しい。
しかし、話し相手が近似病にかかっているかどうかをどうしても知りたい時には、一つ方法がある。「このエレベーター、定員9人って書いてあるけど、本当はもっと乗れるよねぇ」と、つぶやいてみるのである。このつぶやきの後に、相手の目が虚空を見つめ始めたら、それは近似病の初期症状だ。

物理学者に近似病が多いと思われる理由は、物理学における基本的な考え方が、物事の量を比べるということだからだろう。二つのものを比べて、こっちが大きい、だから重いだろう、といった具合である。大きいか小さいかというのは、実験観測の基本であり、本当に実験器具を取り出して調べ始める前に、近似して推測する能力は物理学者に必須である。

加えて、物理学は様々な極限状況から新しい考え方や見方を発見していく学問である。エレベーターに本当は何人まで乗れるのだろう、という質問は、極限状況を探査する心を極限まで刺激するのである。近似病の人は、まず人間を立方体で近似するだろう。人間の体重を65キログらいとして、人間がほとんど水からできているとすると、体積は1リットル牛乳パック65本分、つまり40センチ四方の立方体で近似できる。この立方体がエレベーターの内側に何個入るか？ エレベーターの中をぐるりと見渡して虚空を眺めている人の頭の中では、そういう計算が繰り広げられている。そして、「うーん、無理したら40人は乗れるんじゃないかな」とか冗談っぽく答えるその人の目の奥は、実は真剣そのものなのである。

近似病は、かなり中毒性がある。特に、近似病の患者が集まって話し始めると、病状が悪化する。大学や研究所の物理の研究室では、中毒患者が集まって、大変なことになっている。僕の研究室では、ある時「うまい棒」を東京ドームに詰めたら値段はいくらになるかという話で1時間も盛り上がっていた。もちろん、研究室では「うまい棒」の研究をしているわけではない。

つまり、残念なことに、近似病は、ある種の職業病なのである。物理学では、大きさの基準のことを「スケール」と呼び、スケールに関する感覚を重んじる。スケールは、物理学の内容だけでなく、物理学者の学会における社会性をも支配している。例えば、日本物理学会は数々の小コミュニティに分かれており、それぞれのコミュニティの中で成果発表や議論が行われるのであるが、コミュニティは、対象とする物質のスケールで分かれているのである。「素粒子」「原子核」「宇宙」といった具合である。

物事の大きさに敏感な物理学者も、時には、それを慎重に無視することがある。「例えば、うまい棒が100キロメートルの長さだったとしよう」といった感じである。このような仮想実験が、頭脳を刺激し、科学の極限状況のテストと、新しい発見へとつながっていく。水車小屋が巨大ダムの水力発電に進化するように。慎重なる無視は、もともとのうまい棒のスケールを近似的に深く知っていないと、成功しない。近似病に中毒性があるのは、「楽しい近似」を発見してしまった喜びの大きさが、近似病を加速するからだろう。

先日、子供を連れて動物園に行ったら、それぞれの動物の檻の前の看板に、その動物の体重が書かれていた。動物を見て球で近似し、体重を推定して、看板で合っているか確認する。非常に楽しい。しかし子供は、興味のない動物ではさっさと次の檻へと移動してしまう。ちっ、まだ看板で確認できてないじゃないか。俺の密かな楽しみを奪わないでくれ、我が子よ。

## 「肉」の文字の美

家族で遠くの焼肉屋に行った時のことである。店の窓には「肉」の文字が大きく貼られていたので、焼肉屋だとすぐにわかった。店内に入り焼肉を注文して、ふとその窓を見ると、「肉」の文字が見える。あれ、外から見ても中から見ても、肉と読めてしまうのは面白い。そうか、「肉」という漢字は、ほぼ左右対称だから、どちらからも読めるんだな。

僕はぽつりと「肉っちゅう文字は不思議やなぁ」とつぶやいたのだが、焼肉を楽しむ家族には、僕の言葉は全く耳に届いていないようであった。仕方あるまい、心の中で、肉という文字の異次元的な不思議さを堪能してみようじゃないか。

漢字というものは、もともと表意文字、つまり意味を字で表す類の文字である。意味として最も直感的なのは、視覚的な映像である。「山」という漢字は、山の形そのものを表している。この世界の自然現象は左右対称なものが多いから、形も左右対称だ。だから、漢字に左右対称なものが多い、というのは納得できるのだ。自然現象はなぜ左右対称なのか？　それは、地球上の重力のためであることは疑いない。重力は上から下の方向に働いている。だから、例えば、木だって上に伸びるから左右対称で、それで「木」という漢字が左右対称になっているのである。

「そうか、重力のせいで漢字は左右対称なんだな」

つぶやいてみたが、家族にはスルーされてしまった。そこで一人、スマホを取り出して、小学1年生で習う漢字を検索してみた。左右対称な漢字がどのくらいの割合で存在するか、を調べてみたかったのである。僕の予想は「重力のために、上下対称なものよりも左右対称なものが圧倒的に多い」ということであった。明確な予想が立てばすぐに検証したくなるのが、科学者の性質（たち）である。

一　右　雨　円　王　音　下　火　花　貝　学　気　九　休　玉　金　空　月　犬　見
五　口　校　左　三　山　子　四　糸　字　耳　七　車　手　十　出　女　小　上　森
人　水　正　生　青　夕　石　赤　千　川　先　早　草　足　村　大　男　竹　中　虫
町　天　田　土　二　日　入　年　白　八　百　文　木　本　名　目　立　力　林　六

結果は予想通りであった。なんと、小学1年生で習う80文字の漢字のうち、およそ半分の約40文字が左右対称であるのだ。一方で上下対称な漢字は12文字に過ぎず、しかもそのすべてが左右対称でもあった。

僕はニヤニヤした。この調子でいけば、マヤの象形文字や古代エジプトのヒエログリフなどでも同様の重力の影響による左右対称性が確認されるはずである。これは、物理学の基本原理である「対称性の破れ」だ。もし、自分で勝手に文字を発明していいとすると、左右対称にならなくてもいいはずである。全くの自由にすれば、ある方向が選ばれたりせず、完全に自由な統計性を持った集合になるはずだ。つまり、文字が左右対称になってしまうのは、重力が対称性を破って、上下方向を特殊なものにしているからなのである。

そういえば、子供の頃に友達と「秘密の暗号文字」と称してぐにゃぐにゃの字で手紙を送り合っていたものだが、あれは左右対称ではなかったな。予想と矛盾がない。大人でも、自由に文字を考えてよい職業は、数学者である。自分の論理記号を発明してもいいのである。抽象度が高いので、おそらく、左右対称なものだけが多いということにはなっていないはずである。気になるから、あとで確認しよう。

そもそも文明は重力の影響を極端に受けているので、我々が知らないうちにそれに支配されているというのは残念である。ならば、想像力を豊かにして、他の星の文明の文字を検討してみよう。例えば、極端に重力が強く2次元平面的な世界に知的生命体がいたとする。そこでは文字としては水平線しかなく、線の長さでしか区別できない。色を使って区別しているかもしれない。カラフルな文字というのも楽しそうだ。もし3Dプリンターのように文字を立体的に刻める文明なら、軸対称の立体文字が多いだろう。字が回転したら楽しそうである。もし重力が非常に弱く、知的生命体がふわふわ飛べたら、文字は点対称（中心対称）の形になるのではないか。しかし点対称の文字は判読しにくいな。

ふと横を見ると、「レシート」と書かれた紙が置いてある。僕は衝撃を受けた。裏返して横向きに置くと、「レ」は「フ」、「シ」は「ツ」として読めてしまうのである。すなわち、カタカナには斜めの軸で折り返すと違うカタカナになるような、対称性ペアがあるのである。「ム」と「マ」、「ル」と「ラ」などのペアが続々と見つかった。この対称性は重力に起因していない。ひょっとして、縦書きと横書きの両方が日本語にあることから、それらを入れ替える対称性だろうか？　これは人為的な対称性だ、面白い！

気づけば、僕の焼肉は完全に冷めてしまっていた。しかし、僕の心は熱かった。文明の常識から離脱した感覚が、確かにレシートに残っていた。

## 磁性と人生

物理学者たちの昼食風景は、物理とは全く関係ないことを物理に当てはめて笑うネタであふれている。物理用語は、さしずめ、専門のことを知っている人間だけが使う合い言葉のようで、そこがマニアックなニヤリ笑いにつながるのであろう。

「セミナーするときのスクリーンの前の立ち位置って、微妙やねぇ」

「そやなぁ、右に立つか左に立つか」

「自発的に破れてたらええけど、エクスプリシットやからね（爆笑）」

いつもこんな感じである。傍（はた）で聞いていたら、眉をひそめられるのも無理はない。

物理学者の僕はハタと気づいた。ひょっとすると、物理学者の頭の中はこういった専門性で生活までもが埋め尽くされているのではないか。

僕が大学院博士課程に入った頃のことである。一人暮らしをしていた僕は、夕食を研究室の同僚や先輩と共にすることを常としていた。研究室からキャンパスの外の飯屋へ皆で歩いていくのである。ある夜、僕は気づいた。毎回、近所のお好み焼き屋へ行くのに、行く道と帰り道が異なっているのである。どちらの道も同じ距離である。しかし、毎回、行く道は墓石屋の前を通るのに、帰り道は駐車場を横切るのである。なぜだろう。この不思議な現象に気づいてしまった僕は、お好み焼き屋の帰り道、考え込むことになった。

行く道と帰り道が異なる。この現象は驚くべきものだと思ったが、そこで、現象のみを道すがら友人に述べても、物理学者の名が廃るだけであろう。奇異な現象には必ず理由がある。その理由が非常に広範な現象に適用可能な時、説明する理論は「美しい理論」の名をほしいままにするのである。

僕は必死に考えた。そして、行く道と帰り道を頭の中の地図で描いてみた時、その図が、ある磁性の教科書に載っていたグラフとそっくりなことに気がついた。「ヒステリシスや」

僕は得意げに、隣を歩いていた友人に言った。

「近所のお好み焼き屋はヒステリシスの証明になるわぁ」

ヒステリシスとは、磁石を作る時に使われる物理現象で、日本語で言うと「履歴現象」とでも呼ぶものである。磁石を作る時には、磁石でない鋼に、他の強い磁石をくっつける。そうすると、鋼が磁石になる。くっつけた強い磁石を外しても、鋼は磁石になったままなのである。つまり、元に戻らず、磁石を一度くっつけたという今までの履歴を、鋼が「覚えている」のである。これをヒステリシスという。

面白いことに、NとSを逆にした強い磁石をその鋼にさらにくっつけてみてまた離すと、今度は鋼はNとSが逆になった磁石になる。鋼が磁石になるとき、どんな向きで強い磁石をくっつけ、そして離したかという履歴によって、NとSの向きが決まる。このような履歴現象を利用して磁石は作られているのである。

お好み焼き屋の話に戻ろう。行く道は、研究室から出発している。一方、帰り道は、お好み焼き屋から出発している。履歴が違うのである。同じ地図上で動いていても、出発点と到着点が入れ替わるだけで、道筋が違ってしまうのである。僕の毎夜の行動は、ヒステリシスで支配されていたのである。

その後、ひとしきり、僕の学生人生は、ヒステリシス現象を自分や友人の行動の中に探すことに費やされた。自室からトイレに行く。行く道と帰り道が同じかどうかチェックをする。自転車で映画を観にいく。道順が同じかどうかチェックをする。

このような活動は、物理学者の典型的な行動なのであろう。奇異な現象を見つけたら、まず、それがどのくらい広範に発生する現象なのかを実験で観測調査するのである。そしてその統計情報から、背後に潜む理論仮説を立て、その理論から導かれる新奇現象を予測するのである。ヒステリシス行動現象を説明する僕の理論仮説は、「人間はまっすぐ進みたがる」であった。この理論から予測される道順を、自分が知らないうちに選んでいたことを自分で発見した時、僕は一人、ヒステリシスの道端でガッツポーズをしていた。

いずれにしても、ヒステリシス行動現象とその理論に気づいてから、この考え方は僕の頭から離れず、その結果、人間のあらゆる行動の背後に潜む物理理論を探すのが、僕の常になってしまった。そして、人間の人生そのものが、気づかぬうちに単純な物理理論に支配されている、という感覚を常に抱くようにすら、なってしまったのである。

これは病気かもしれない。もっと社会的に受け入れられる言葉で言えば、職業病かもしれない。いずれにせよ、どうしても、いったんそういうことに気がついてしまうと、もう取り消せないのである。そして重要なことに、「取り消せない」という現象自体が、磁性のヒステリシスと同じなのである。すなわち、ヒステリシスという磁性現象が人生の背後にあるかもしれない、ということに気づいた自分の考えを取り消せないことが、ヒステリシスという磁性現象で説明できるのである。

僕は人生を終えるまで、このループからは抜け出せないだろう。

## かっこいい専門用語

科学の世界には、「かっこいい専門用語」がある。かくいう僕の専門も「超ひも理論」で、我々の住む宇宙はすべて小さな「超ひも」からできているとする物理学の仮説である。「超ひも」、なんと魅力的な言葉なのだろう。

科学には魅力的な専門用語が満ちあふれている。僕の専門の理論物理学に近い分野で、例えば「超」がつくものだけでも、「超伝導物質」や「超高真空」、「超越数」や「超関数」、「超幾何微分方程式」や「超曲面」、「超固体」や「超流動物質」など、非常に多くある上に、どれも魅力的な概念なのだ。別に「超」という語が「かっこよさ」の基準なのではない。「大統一理論」や「汎関数繰り込み群」、「無限多重積分」や「大分配関数」など、パワーワードがどんどん湧いてくる。

もちろん、かっこよさというのは甚だ個人的な感性に基づくものであり、また、僕が理論物理学者であるので、そのバイアスが大いにかかった話であるのは間違いない。しかし、理論物理学者だけではないだろうから、僕の言っていることもある程度の一般性があると期待したい。

科学の専門用語にかっこいいものが多く存在するのは、二つの理由が考えられよう。第一に、科学は新しい現象や概念を発見するものであるから、今までの概念を「超」えたり、また拡「大」したり、といったことが必然となる。そこで、「すごい」感じの言葉に自然になってくるのだ。また、第二に、科学者が実際にその科学的発見を行って自らその現象に名付けるわけなので、それが科学コミュニティに広がっていくには、必然的にたくさんの科学者をひきつける言葉である必要があって、そういう単語が発明されるのかもしれない。その後、自然淘汰的に、かっこいい専門用語が生き残っていく。

「超ひも理論」の「超」は、もともと、考えている小さなひもが「超対称性」という性質を持っているため、そのような名前がついている。では、「超対称性」とは何かというと、あまたある対称性のうち、我々のよく知る回転や並進の対称性を数学的に少し大きくしたもののことで、異なる素粒子の間の関係を与えるような対称性である。つまり特にどのように従来の対称性を「超えた」かについては、その単語だけからは全くわからない。「超対称性」という言葉は、思い切った名付け方が広く定着した例であると言えるだろう。

僕が以前に所属していた研究所の一般公開の際に、研究者たちが黒板を使い、研究の議論をするのを一般の方々にそのまま見てもらう、という企画を行った。参加する研究者を皆さんに紹介するのに、経歴や職種を伝えても仕方がないので、名前と「必殺技」を紹介することにした。「橋本幸士：必殺技はメンブレーンアクション」といった感じである。科学の専門用語をカタカナ表記すると、なぜか「必殺技」感が出るのが不思議だ。「スーパーシンメトリックグランドユニファイドセオリー」vs.「コンフォーマルブートストラップ」とか、（何だかよくわからないけれど）ものすごい対決になって、聴衆の皆さんを沸かせた。

自分の考え出した新しい概念や現象に名前をつけられるのは、科学者の特権かもしれない、とも感じたので、妻に「名前をつけるってどういう時かなぁ」と漠然と聞いてみたら、「そら、あんた、生まれた時に決まってるやん」と言う。なるほど、その通りだ。子供が生まれた時に名前をつけるのは、その生きている存在を世の中に認めさせる初めての行為なのかもしれない。

その後に妻が続けて言うには、「大学のサーバー（コンピューター）にも名前つけるなぁ、なんでやろ」との疑問だ。確かに、僕はスマホには名前をつけないが、サーバーには名前をつける。これはおそらく、人間から見て「生きている」という感覚に近くなるからではないだろうか。インターネットのサーバーは僕が寝ている時も働いているし、外部ネットからの呼びかけに対して応答する。だから、名前がなくてはならない。

娘がぬいぐるみの一つ一つに名前をつけていることを思い出した。「くーちゃん」など、様々である。その名前の由来を聞くと、長い説明を聞く羽目になる。説明する方は誇らしげだ。どの名前も、それ相応の大事な理由があって、その名前になっているのだ。名付けるということは、責任を伴うことなのだ。

自分の研究で良い発見があった時には、時々、自分で名前をつけたりする。そして、ほくそ笑む。概念が可愛く思えてくるのだ。

そうか、超対称性も、こんな風に生まれたのかもしれない。

## グネグネの建物

２０１２年のことである。大阪の都心から離れた、ある駅に降りた時、駅前にそびえ立つ「セルシー」という変わった名前の建物の外観に、心を奪われた。グネグネした形状のビルは、まるで生きているようだった。そして、中心のステージを囲んで並ぶ階段や通路と商店は、ローマのコロッセオのよう。岡本太郎かとも思わせる形状の奇抜さは、なぜか僕をワクワクさせてくれた。

少し都心を離れてみれば、どんな駅でも、降りるとそこには商店街やアーケード、人が生活をする見慣れた環境が目の前に現れると期待していた。けれども、その駅は少し違っていたのだ。

何十年も理論物理学者をやっていると、奇抜なものを愛(め)でたくなる。なぜなら、世の中はほとんど、すでに説明可能なものであふれているからだ。もう科学は存分に発達して、宇宙の多種多様な現象のほとんどすべてを説明してくれる。「宇宙のすべてを支配する数式」なんて僕が勝手に名付けた基礎方程式も存在するほどである。

大阪で育った僕は、大学生の頃には梅田や難波を歩き回っては、「大阪はこんなもんやろ」という先入観を頭に入れ、人生を送ってきた。2012年に大阪大学に着任する直前、住むところを探しにふらりと降りた駅。グネグネの奇抜な建物と、そこにあふれる老若男女のほがらかな笑顔が僕を迎えてくれた。

グネグネしたビルなんて、商店を効率的に配置するという目的を考えたら、必要なわけがないのだ。どうしてこんな形の建物にしたのか、設計した方に聞いてみたいものだ。何を目的に奇抜なビルを造ったのだろうか。

ふと我に返ると、まんまと罠にはまっている僕の姿があった。見知らぬ街に降り立っただけなのに、そこに心惹かれていたのだった。

奇抜なビルは、階段が多いアーケード商店街につながっている。今自分が何階にいるのかも把握が難しいような楽しい構造の商店街。そしてそれは深い森の緑道に直結しており、グネグネの木々でできた豊かな自然と合流していた。子供たちがグネグネ走り回る緑道は、色々な色の木々と花で埋まっていた。

日本で初めてのノーベル賞受賞者である理論物理学者・湯川秀樹は、次のように言っている。「自然は曲線を創り、人間は直線を創る」。まさに、普通のビルが直線であるのは人間が造ったせいであり、そして木々が曲線であるのは、自然が作ったからだ。そして、人間自身もグネグネしているのだ。

ここに一つの不思議が生じる。宇宙の自然法則は簡素であり、それはそもそも直線的だ。例えば「慣性の法則」とは、力が働いていない物体は等速直線運動をすることを言う。すなわち大本では、物体の運動は直線的なのだ。人間が造り出す形状は、その簡素な法則をそのまま利用するため、直線的になるのだ。ではなぜ、その直線的な自然法則に支配されているはずの自然は、「曲線を創る」のだろうか。

実のところ、法則は直線的であっても、それらをいくつかつなげると、複雑で予想もできないような曲線が生まれることが知られている。例えば、振り子を考えてみよう。行きつ戻りつするその運動は、グネグネではなく、非常に規則正しい。運動自体は円運動の一部ではあるが、これは直線的、すなわち、規則がすぐに見て取れる、と言ってもいい。そこで、振り子の先に、もう一つの振り子をつなげてみる。するとどうだろう。この「二重振り子」は、全く予想もしない運動を引き起こす。まさに自然界で実現していそうなグネグネだ。子供の走り回る運動にも似ている。

二重振り子の運動は、科学的には「カオス」と呼ばれている。カオスとは、ほんの少しでも運動がずれれば、その後の運動が全く異なってしまうことを言う。そう、グネグネの正体は、その規則がすぐには理解できないということであり、それはまさにカオスである。そしてカオスは複数の規則で容易に生成されるのだ。だから、自然にはグネグネが多いのである。

初めて見たグネグネの建物が、なぜ魅力的に思えたのか。その理由は、人間がある目的で造ったにもかかわらず、その形状の規則性が自分にはすぐに理解できなかった、ということだろう。理解できるはずなのに理解できない、それが巨大な建物という問題で提示された時、僕のような理論物理学者は、その問題を心ゆくまで楽しむことができる。その建物から直結している緑道の豊かな自然も、全く同じ問題である。木々の創る曲線、子供の運動が創る曲線。素晴らしい問題だ。

ここに住もう、そう決めた。あれからもう何年だろう。家族とグネグネ楽しく、暮らしている。

## カオス的人生

「お前の言うてること、カオスやなあ」

なんて言われたら、誰でもイラッとくるに違いない。「カオス」という言葉が世間的にもたらす印象は、かなりネガティブなものだろう。辞書を引いても、「カオス」とは混沌や混乱のことであると書かれている。自分で自律できないような、どうしようもなくぐちゃぐちゃしたもの、といった印象になっているのだろう。

でも、いきなり否定する前に、もう少し「カオス」のことを知ってから、良し悪しを決めた方がいい。なぜなら、もし誰かが「あなたの人生はカオス的ですね」と僕に告げたら、僕は喜んでしまうからである。もちろん、僕は混乱を好んでいるわけではない。「カオス」に対する印象が違うだけなのだ。

僕の専門の物理学とは、過去の状態を知って、未来を予測する学問である。時間が経つとどんな風に変わっていくか、それが物理学の教えるところなのである。そんな風に言うと、将来のことがなんでもわかってしまうかのように聞こえてかっこよすぎるのだが、もちろん、そこには困難がある。それが、物理学でいう「カオス」だ。

物理で取り扱う対象は、カオス的な対象とカオス的でない対象に分けられる。カオス的な対象は、二つの性質を兼ね備えている。第一に、初期値鋭敏性。第二に、エルゴード性である。言葉は難しいが、実は簡単な話である。人生に照らし合わせて、ちょっと踏み込んでみよう。

初期値鋭敏性とは、初めの状態をちょっとだけ変えてやったら、結果がむちゃくちゃ変わってしまった、ってやつである。山のてっぺんにボールを置いたとしよう。ちょっと東にずらすか西にずらすかで、転がっていった先はすごく離れてしまう。

さて、今までの人生、思い出すだけでも、そういう瞬間が何度もあった。「あの時、こうしていたら」的な瞬間のことである。ちょっと違った判断をしただけで、人生が大きく変わってしまう。でも、実のところ、後になってからそういう瞬間だったとわかるだけのことで、その当時は、そういう瞬間だなんて思っていないことも多い。つまり、今この瞬間も、カオスの瞬間なのかもしれないのである。

この意味で、カオスでない人生は退屈だろう。カオスのない物理システムは、同じところを永久にぐるぐる回るだけのシステムである。残念ながら物理には時間の終わりもない。本当に永久に回るのである。カオスの初期値鋭敏性があってこそ、人生を楽しめるというものであろう。

カオスの第二の性質であるところのエルゴード性、これは、「あらゆる可能性を尽くすことができる」ということである。時間をかければ、どんな可能性も試すことができる。これ以上良い人生はないではないか。

有名なカオス的システムの例として、二重振り子というものがある。普通の振り子は、ブラブラと行ったり来たりするだけで、カオスはない。永久に行ったり来たりの退屈な運動である。しかし、振り子の下にもう一つ振り子をつけるだけで、運動はカオスになる。上の振り子の周りを下の振り子がぐるぐるしたりして、見ていて全く飽きない運動をする。そして、瞬間瞬間の二重振り子の形を見てみると、あらゆる形を取り得るように動いていることがわかる。これが、エルゴード性なのである。

人間の人生は有限である。一回きりの人生、なんてフレーズも聞き飽きるくらい聞いている。もし人生がカオス的なら、時間さえかければ、あらゆる自分の可能性を試すことができるのである。素晴らしいことではないだろうか。

興味深いことに、同じ物理システムでも、カオスを発生させるには、ある程度エネルギーが高くないといけない。人生をカオス的にするには、若干のエネルギーが必要なのだ。でも、もしカオスになっているなら、冒険はちょっとだけの「ずれ」でいい。ほんの小さな一歩が、ずっと後になって、人生を大きく変えることもあるのだ。

物理学者である僕が、こうやってエッセイを書いていることも、初期値を少しずらすような「カオス」を試しているということなのだから、これからどんな風に人生が転がっていくか、興味深い。まあ、自分の人生だから、興味深いのも当たり前ではあるけれども。

カオス的な人生に、乾杯。

# 玄米とカニ

寒い朝だった。朝食の準備をするために、昨夜セットしておいた炊飯器を開けてみると、炊き上がった玄米ご飯の表面に何やら深い穴が30ほど開いているのを見つけた。非常に興味深い。なぜ、穴が開いているのだ?

それぞれの穴は箸の太さほどの大きさなので、まるで箸を30回も突き刺したかのように見えた。そこで妻に尋ねてみると、炊き上がったご飯に箸を30回突き刺してまた蓋を閉めておくというような奇怪な行動をするはずがない、と答えた。まあ、そりゃそうやわな。

「玄米穴」(そう名付けた)の生成の理由を考えてみる。

(一) 下降流説: 炊いている途中に、米粒の対流が起こり、それが沈み込むところが渦のようになって、炊き上がった際に渦が穴として残ったのではないか。

(二) 上昇流説: 水が熱せられ、米粒の間に水蒸気の泡が通った穴が残ったのではないか。

第一の説が正しいなら、玄米の粒の総体が作る流体の力学の問題になろう。また、第二の説が正しいなら、内釜の底から発生する泡が主体なのだから、釜を熱するために内釜の下にある電熱器の形状が、玄米穴の場所に対応するだろう。そこで、とりあえず電熱器の形状を確かめるため、内釜を持ち上げてその下を覗いてみた。

ムゥ。電熱器が見えない。

熱がまんべんなく伝わるように、電熱器は伝導度の良い板の下に隠されているのだ。そういや、最近、わりとマシな炊飯器に買い換えたんやった、しもた……。まあ、しゃあない。そうとなれば、玄米穴の配列から電熱器の形状を推測するまでである。

そこで僕は、腹を減らしている子供たちの不満気な顔をよそに、玄米をそのままに保存しておく戒厳令を家族に敷いた。内釜の端の玄米を注意深くしゃもじで掘り、穴が奥まで続いていることを確認した。そして内釜の鉛直上方からスマホで写真を撮った（**71ページ写真左上**）。

さて、実験結果の記録に成功したので、楽しい解析の時間である。まず、写真をパソコンに転送し、画像を拡大表示する。そして、穴と思われる位置をパソコンの画像上で丸で囲んでみた。なかなか密に配置されている。次に、近接する穴を線でつないでみることにした。玄米穴がちょうど蜂の巣の六角格子のように並んでいるかもしれない、と予想していたのである。この予想は、ベナール対流などといった様々な物理的考察から来ているのであるが、その説明はここでは割愛しておこう。線でつないでみた結果は、残念ながら、そのような美しい多角形の形状とは程遠いものであった（**左ページ写真右上**）。どないしたもんやろか。

こういう時は集合知に聞くのがよい。ツイッターの民に問うてみたところ、瞬く間に様々な類推、意見、追試実験の結果が寄せられた。素晴らしきかな、集合知。その中で料理の得意そうな方が「これはカニ穴と呼ばれ、美味しいご飯の目安です」と述べておられたため、俄然、本当のカニの巣穴の分布が気になってきた。集合知から、ミナミコメツキガニのカニ穴の写真を提供する方（@DrNyaoさん）が現れたので、同様にその穴の配列を調べるため、線で結んでみた（**写真右下**）。

またもや、穴の配列の法則は判明しなかった。ただ、玄米穴とカニ穴は、一見、よく似ていることが確認された。

フゥム、どんな規則で並んでるんや？　例えば、火山の配列と似てる？　地図上の井戸の配列と似てる？　手の甲の毛穴の配列？

今日も、眠れない。

玄米穴

カニ穴

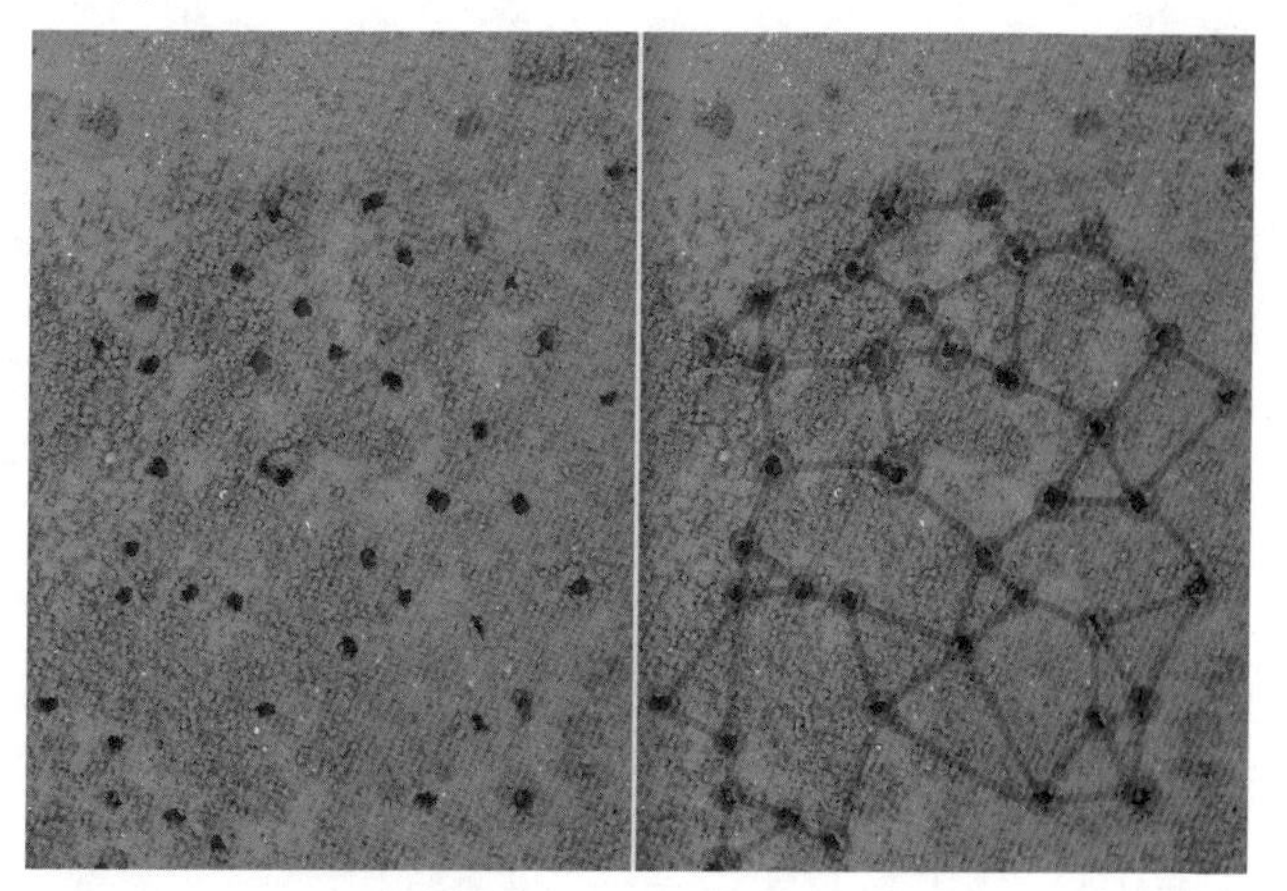

## たこ焼き半径の上限と、カブトムシについて

大阪では、日曜日の昼はたこ焼きと決まっている。我が家のたこ焼き器は、縦4×横6＝24個を同時に焼くことのできる優れものだったはずなのだが（たこ焼き器を新調したところなのだ）、横6列のうち、端の2列は電熱の加減が弱く、うまく焼けないというバッタもんだった。したがって実効面積は4×4の16個しかない。焼くのに手間がかかるというものである。

物理の研究で最も重要なのは、与えられた問題を解くことではなく、適切な問題を発することだ。問題を発することこそ、物理的研究の進捗の9割を占めると言っても過言ではないだろう。その点において、今日、僕は妻に大敗したのである。妻は言った。「このたこ焼き器めんどくさい、もっと大きいたこ焼きをなんで焼かへんのやろか」

僕は衝撃を受けた。「大きなたこ焼き」という発想そのものが僕の頭の中から欠落していたのだ。僕は4×4のたこ焼き器でいかに早くたこ焼きを焼くかしか問題として考えて

おらず、周りの焼けにくいところからたこ焼きの汁を流し入れ……といった全くありきたりの解法を試していただけだったのだ。そうだ、なぜ、たこ焼き器そのものの改良を考えつかなかったのだろうか。僕はがつんと頭を殴られた気がした。

この「たこ焼きの半径になぜ上限が存在するのか」という問いに、「そりゃ口に一口で入るサイズやからやろ」と答えるのは簡単である。そう答える前に、ちょっと待て、物理的な理由が存在するのではないか。そう考えるのが物理学者の正しい姿であろう。僕は考えを巡らせた。なぜこの世には、半径2センチメートル以上のたこ焼きが存在しないのであろうか、と。

たこ焼きの本質がその存在の条件を規定しているはずである。たこ焼きの本質とは何か。それは明らかに、「中がトロッとしている」ことである。たこ焼きの表面は固めの、時には焦げ付きもある層で覆われているわけだが、いったん口に含んで嚙み砕くと、中からジューシーなあの、「アフ、アフ」というたこ焼きの本質が舌の感覚を完全に占有するのである。これがたこ焼きの本質であることは、誰もが認めるところであろう。したがって、中がトロッとしているということが、たこ焼きの大きさを規定していることは疑いがない。

では、中がトロッとしているということが理由でなぜ、たこ焼きの半径に上限が存在するのか。それはたこ焼きの構造に理由があるのだろう。そこで僕は、たこ焼きと昆虫の大きさに共通点があることを見いだした。甲虫の大きさには上限がある。大きなカブトムシでも、角を除いた体部分は、断面を考えると大きくても半径2センチほどにしかならない。これはたこ焼きと同じではないか。子供の頃必死になって覚えたカブトムシの名前、ヘラクレスオオカブトなどの記憶をたどっても、やはり胴回りの半径は2センチから3センチにしかならない。果たしてこれは偶然だろうか。

甲虫は外骨格という特別な構造を有する。これは体の表面を硬い質で覆うことにより全体重を支える構造である。昆虫の体の内部は様々な器官のために動的様相を示さなくてはならないが、その自重を支えるためには周りの硬い甲が必要となる。表面が硬くて中がトロッとしている、これはたこ焼きとまるで同じではないか！

この発見から類推するに、たこ焼きを大型化するには、過去の昆虫の進化をたどってみればよいことになる。実際、巨大な昆虫の化石が発見されており、その理由を知ることができれば、たこ焼きを巨大化することに成功する。もちろん、たこ焼き巨大化プロジェクトは、それをもってあたらしいビジネス展開をするというセコい話ではない。純粋に、たこ焼きの半径になぜ上限が存在するのかを問い、その答えを科学的に解明することこそが

喜びなのである。（シャーロック・ホームズの名言のようだ）
文献をひもとくと、太古の昆虫の巨大化には理由があり、それは地球上の大気中の酸素濃度が高かったことと、昆虫の関節の構造のためであると知ることができる。そうだ、酸素濃度を上げてさえおけば、たこ焼きを巨大化することができる!? ——そんなわけがないことは明白である。なぜなら、たこ焼きには関節がないからである。すなわち、昆虫が太古に巨大化していた理由と、たこ焼きの半径に上限があることとは、関係ないかのように見えるのである。

こんなことで引き下がる僕ではない。たこ焼きの半径に上限がある理由には、そもそも構造上の問題があるはずである。そう思って色々と記憶をたどると、たしか、昆虫の大きさの上限は外骨格の問題だとする議論があったことを思い出した。人間のような骨格ではなく外骨格という表面を覆うことで体を支える構造の場合、体軀を大きくしようとすると、体重のうち骨格が占める割合が大きくなりすぎて、生態的に損をするという議論である。これは、たこ焼きにそのまま当てはまるではないか！

たこ焼きの本質は、口に入れて一噛みした時に、中身のトロッとした「アフ、アフ」が来ることである。すなわち、一口で表層を噛み切るためには、ある程度の表層の薄さが必要となる。この薄さで自重を支えるためには半径に上限がないといけないのだ。それでは、この表層の薄さを保ったまま、たこ焼きの半径を大きくすることができるであろうか？　この問いこそが、真のイノベーションの瞬間であろう。

僕は瞬間的に解に達した。甲虫は巨大化するために、体を扁平にしたのである。大きなムカデなどに代表されるように、昆虫は体を扁平にすることで、外骨格が離れている二点間の距離を最小に保ったまま巨大化することができ、うまく体の内部に支えを作ることで壊れにくい体を作り上げたのではないか？　よく、物理学者のパロディとして「牛を球と仮定せよ」といったものがあるが、それがまさに今回のたこ焼き半径上限問題の解を妨げていたのだ。これは一大イノベーションである！

僕は密かにほくそ笑んだ。解いたぞ。そこで、この大発見を家族に、とうとうと述べてみた。平坦な極限をとれば、たこ焼きの半径を無限大にできるということを、コト細かに説明してみせた。

すると、妻は言った。「それはたい焼きで実現されている」

## 物理学者の思考法の奥義

物理学会にて、友人と僕との会話。

友人「この会場行きのバス、何人乗っとんねん、もうギューギューで死ぬで」

しばらくの沈黙ののち、僕はこう答えた。

「有効数字（※注）1桁で60人」

しばらくの沈黙ののち、友人はこう言った。

「明日は25分早くバス停に来よ」

この会話は、物理学者には典型的な会話である。日本物理学会の会場行きのバスがいつも混んでいることが典型的だという意味ではない。会話の背後の「物理学的思考法」が、典型的なのである。

日本に1万人以上いる物理学者は、多かれ少なかれ、物理学的思考法に慣れていると考えていいだろう。この思考法は、物理学の研究をする上で必要なスキルである。すなわち、科学の進歩の背後には、科学者独特の思考法が存在しているのだ。

これは奥義と言えるものかもしれないと僕は思っている。というのは、大学の物理学の講義においても、特に思考法についての講義はなされず、物理の各論が教育されるだけだからである。僕もこれをどなたかの先生に習った記憶はない。

大学院に入り自分で研究論文を書くようになって、初めてその奥義を自分で検討し始めた。まずは門前の小僧のように、先輩や先生たちが研究するスタイルを見ながら開発したのだ。

ここで、物理学的思考法の奥義を惜しげなく披露しよう。物理学の手法は、4つのステップからなると考える。問題の抽出、定義の明確化、論理による演繹（えんえき）、予言。この4ステップをフォローし思考することで、物理学の研究が進んでいく。

冒頭の満員バスについての会話は、この物理学的思考法にのっとった問題解決なのだ。すなわち、この思考法は物理学の研究だけではなく、日常のあらゆる場面で有用になりうるのだ。

（奥義その一）問題の抽出、の巻

問題は一般に多種多様であるため、適切な問題を抽出せねばならない。抽出のための知恵として、多くの問題を一度に解決できるような問題にすることや、自分の専門性で解決できる問題に落とし込む、というものがある。

例えば冒頭の友人の発言においては、「死ぬで」の部分は医学部に任せ、「ギューギュー」という表現は文学部に任せてしまう。理学部向けに抽出された問題は「バス一台に人間を詰め込んだ場合、何人入るか。有効数字1桁で答えよ」となる。

（奥義その二）定義の明確化、の巻

問題に存在する曖昧な表現が科学を阻害するため、適切な定義が必要である。定義のための知恵として、常識にとらわれず、かつ常軌を逸さない程度の定義が必要であること、そして自分の専門分野（理学部の場合は計算）での解決を容易にする定義にする、というものがある。

例えば冒頭の友人の発言においては、「バス」は「3×10×2メートルの直方体」と定義する。「人」は「質量70キログラムの水でできた球」と定義する。すると、友人の発言の理学部語への翻訳は「3×10×2メートルの直方体に質量70キログラムの水の球を詰め込んだ場合、球は何個入るか。有効数字1桁で答えよ」となる。

（奥義その三）論理による演繹、の巻

問題が定義されれば、あとはそれを解くのみである。ここにコツはない。ひたすら、執念でその問題を解く。自分の専門性が大いに発揮される瞬間である。僕は友人が問題を出した30秒後、有効数字1桁で60個の球が入るとの計算結果を頭の中で得た。その計算方法をここに長々と得意げに述べるのは、浅はかである。

（奥義その四）予言、の巻

物理学で最も重要であるのは、理論による予言と実証である。予言は、自分の計算や理論に基づき、かつ、それを実際の実験や観測によって実証できて理論の正当性がチェックできるものが望ましい。

最後の友人の発言「明日は25分早くバス停に来よ」は、もちろん予言である。友人の頭の中には、僕の計算結果である60人という数字と、学会会場に集まる物理学会会員の数、そしてバスが何分おきに発車しているか、という数字が組み合わさっていたはずである。

友人の最後の発言の後、僕はニヤリとした。僕の頭の中では、32分という答えが出ており、それと友人の答えはおおよそ一致していたからだ。物理学的思考法は、エレガントさが競われる。異なる頭脳での解が一致した時、その問題と解は称賛される。

次の日の朝、僕は32分前にバス停へ行ってみた。友人はまだ来ていなかった。僕はまたニヤリとした。

しかし、バス停にはすでに長蛇の列があった。25分前にやってきた友人と一緒に、満員のバスに乗り込んだ。

「昨日の近似、何があかんかったんやろか」

「そら、有効数字やろ」「いや球近似やろ」

こうして、物理学的思考法は鍛えられる。

（※注）有効数字とは、信用に足る数値を桁数で示したもの。「有効数字1桁で60人」ならば信用できるのは「6」。四捨五入の範囲である55人〜64人が該当する。

# 第2章　物理学者のつくり方

## 数学は数学ではなかった

僕は今でも数学者に憧れを抱いている。一時期、「僕は数学が得意で、好きだ」と勘違いしていたことがあるからだろう。なぜ僕が物理学者になったのか、ということに根本的に関係することだから、数学と物理学の違いについての「勘違い」をここで解き明かしておきたい。その勘違いを僕に気づかせてくれたのは、ある先生の話だった。僕が大学2年生の時のことである。

高校生だった頃、数学のテストの得点だけが良かった僕は、高校数学が好きになってしまった。まあ、誰でも得意科目の勉強だけはするものだ。したがって自然な流れで大学は理学部に入学し、そこで数学を学び始めた。

ところが、である。大学の数学がちっとも面白くないのだ。同じく数学が好きだと言っていた友人たちと一緒に自主ゼミをしていたのだが、悠々と定理を証明し概念を説明してくれる友人の横で、僕は四苦八苦していた。ふむ、僕は数学が得意ではなかったのだ。途方にくれた。高校生の時、あれだけ面白かった数学。大学生になった僕の目の前にあった数学書は、恨めしい文字の列に見えた。

目標を見失ってしまっていた大学2年生の僕は、理学部が主催する宿泊研修という名前のイベントに参加してみることにした。大学の霊長類研究所などを訪問して、研究の現場を見せてもらうツアーである。サルの脳に電極がささった研究室など、恐ろしい研究現場をたくさん見せられて疲れ切った夜、引率の先生が僕ら学生を集めて車座になり、話し始めた。

「この宇宙にはね、大問題があるんだ。宇宙が何からできているのか。どうやって始まったのか。それを、数式を使って解き明かしていく学問がある」

その時に受けた衝撃は、今でも忘れない。先生は青山秀明さん、専門は素粒子論。その大変活き活きとした話は、この宇宙の構成要素の問題、素粒子、そして素粒子の運動を決めている数理体系が存在して、それが宇宙のほとんどすべての現象を表現し、記述することができる、といったことまで展開した。

夜、僕は眠れなかった。たぶん自分がやりたいことは、これなんじゃないか。それは、数学ではなく、物理だった。

それから漠然と、なぜ自分が数学を楽しめなかったのかを理解し始めるようになった。大学における数学は、高校の数学とは違ったのだ。大学の数学は数学者のものであり、数学者とは「新しい言葉を作る」職業なのだ。矛盾しない論理だけを頼りに言語を作っていく。それが本当の数学なのだ。

では、僕が高校生の時に愛していた高校数学はどこにいってしまったのだろう。実はそれが物理だということに、青山先生の言葉で気づいたのだ。物理学は、この宇宙で起こるあらゆる現象を数式にして、数学者が作り上げた微分や積分などの概念を駆使し、現象の理由を解き明かしていく学問である。そこには、大宇宙すなわち自然が提供する、様々なチャレンジがあるのだ。時には、数学者が新たに開発した言語を使わなくてはならないこともある。つまり本当の数学に近いけれども、違うのだ。

今となってわかることだが、高校での数学は、すでに開発された言葉をどう使うかの訓練と、その言葉を使えばどんな概念がつながりうるかを試験する場だった。これを僕ら理論物理学者は「算数」と呼ぶ。算数は数学ではない。本当の数学に敬意を表して、物理学者の使うものは算数と呼んでいる。

誤解を恐れずに言えば、僕の経験では、高校の科目と大学の専攻は少しずつずれている。

高校数学は大学では物理、高校物理は大学では化学、そして高校化学は大学では生物、といった具合だ。例えば生物専攻でポピュラーな分子生物学は、高校ではほとんど化学の知識に該当するようだ。大学の化学の初めで学ぶのは原子の構造と電子配置であり、これは高校では物理に相当するだろう。もちろん、これは極端な言い方ではあるけれども、僕はこの罠(わな)にはまり、勘違いをしていたのだ。

僕の人生を正当化するなら、大学における数学は、高校課程での対応物がない、といった気もしてくる。ひょっとしたら「小論文」が一番近いかもしれない。

あの夜に青山さんの熱っぽい話をもし聞いていなかったら、僕の人生は全く違ったものになっていただろう。数学を楽しめなくて、くさって理学系のことを全部やめていたかもしれない。

先日、青山さんの最終講義を聞きにいった。相変わらず、熱く物理の楽しさを語る姿があった。この大宇宙と、自分、そして自分の得意なこと、やりたいこと。これらが一瞬重なる時空点が、僕の人生で存在した。運が良かったとしか言えない。

## レゴと素粒子物理

3月生まれで、小学校ではクラスで最も背が低かった僕は、体育も苦手で、外遊びよりもずっと家で遊ぶ子供だった。だから、「レゴ」などのブロック玩具が友達だった。実は今でも毎週、小学生の娘を誘いながら、レゴで遊んでいる。ブロック遊びは小学生の頃からやっているのだから、もう30年以上にもなる。趣味とは恐ろしいものだ。ブロック遊びは、特に何も生み出さないから、真の意味の「遊び」だ。

ご存じ「レゴ」は、小さなブロックを組み合わせて様々な物や形を作ることができるおもちゃだ。レゴは安くはない。厳しかった父に、小学生の僕はレゴを買ってくれと頼めなかった。ところがある日、父が「ダイヤブロック」を持って帰ってきた。会社の友人に譲ってもらったとのこと。僕はその日から毎日一人でブロック遊びをすることになる。今振り返ってみると、ブロック遊びを続けていたことが、僕を物理学者にしたような気がする。

ブロックは、極めて単純かつ種類の少ない構成要素を大量に用いて、新しい形や機能を生み出すものだ。人類が発見した17種類の素粒子でこの宇宙において見えている部分はほとんど説明ができるという事実は、ブロック遊びと全く同じであると言うことができる。すなわち、素粒子はブロックであり、素粒子物理学は究極のブロック遊びであるとも言えよう。

ブロックの重要なところは、構成要素の組み合わせにより、様々な機能を持たせることができるということである。単に、見たことのある形を模倣して作り上げるだけではなく、たくさんのトリックを仕込むことができるのだ。17種類の素粒子が、この豊饒な人類の現象すべてを作り出しているように。

小学校の低学年だった僕は、戦艦や自動車の形をブロックで作っては、親に自慢するという日々を過ごしていた。やっていると、戦艦でも車でも、ディテールを作らないと気が済まなくなり、一方でブロックの最小の大きさは決まっているから、結果、作るものが大きくなってしまう。2メートルを超える戦艦をブロックで作り、横で人形で遊んでいた妹に自慢したこともあった。しかしそのうち、むしろ小さくてもそれっぽく見えるように工夫を始めた。もともとブロックの数は限られているから巨大なものは作れないし、そもそも、物とはディテールではなく特徴なのだと学んだのであろう。少ない部品でいかに自動車っぽいものを作るかに熱中した。

その後、僕はブロック構築物に機能を持たせることに熱中するようになる。中が見えない箱型の迷路を作ってビー玉を出すゲームをしたり、空中でいかに長くブロックを連結できるか、という耐震性の高さに特化した構築物を作ったり、などである。

小学校高学年だったある日、4歳上の従兄に非常に褒められたブロックが、僕のブロック好きを決定づけた。それは全身可動ロボットというやつなのだが、タイヤやヒンジ（ちょうつがい）ブロックなどの元から可動するよう生産されたブロックを使わずに作られた、関節がすべて動く人体模型だった。見上げるほどすごいと思っていた従兄にブロックで褒められたことが、自分を素粒子物理学者にしたのかもしれない、とまで思う。

2016年に東京で開かれた、アートとサイエンスのイベントに登壇したとき、会場から「子供の頃は何をしたら橋本先生のような科学者になるのでしょうか」との質問があった。僕は即座に「レゴ」と答えたのだが、なんと、建築家やアーティストといった他の登壇者も同様に「レゴ」と答え、会場が沸いたのを覚えている。

先週は小学生の娘と、なぜかレゴブロックをどこまで高く安定させて積めるか、という競争になった。娘も指向性が似ているのであろう。協力して積み始め、構造が安定する形

状を探しながら組んでいくと、ついには天井まで到達してしまった。自分の手で家の柱を一つ作って眺めると、なかなか感動するものである。眺めていると、それが、世界で一番高いビルにそっくりに見えた。そう、本当のビルも、こんな風に積み上げて作るのだろう。

ゆらゆらと直立していたビルに、娘がいきなり蹴りを入れた。バラバラと崩れ去るブロックのビル。「なにすんねん!」と親子で笑い合う。もちろん、遊び終わったら壊されるのがブロック遊びの決まりだ。家族に役立つものを作るのではない。単に、作りたいものを、作りたいやり方で、形にしていくのである。自分の手と頭にだけ、出来上がったブロックの感触と感動を残して、全部崩してしまう。そして次の日、また作り始める。

これは、科学の作業の一部と非常に類似している。時々、自分の両手は、本当はブロックでできているのではないかと思うことがある。あながち、間違ってはいない。なぜなら、手は素粒子でできているのだから。

## コラム3　17種類の素粒子

ここで、皆さんを素粒子物理学の世界にお連れしましょう。はるか昔、古代ギリシャの人々は、世界を構成する基本的な要素のことを想像し、それを「アトム」と呼びました。英語の「アトム」は日本語で「原子」に対応します。19世紀の終わり頃までには、様々な種類の原子が発見され、原子が最小の構成要素であると考えられてきました。しかしその後の科学の発展により、原子はさらに分割できることが判明したのです。

原子を構成する素粒子は、クォークと電子である、と現在は考えられています。現在の人類のテクノロジーで、それ以上分割することができない最小単位を素粒子と呼んでいます。左ページに、そのリストを示します。我々人間の体、そして身の回りで目に見える物質を構成する素粒子はおよそ、アップクォーク、ダウンクォーク、そして電子です。

驚くべきことに、人類が今まですべての科学実験で捕まえてきた素粒子は、たった17種類しかありません。なぜこれが驚くべきことなのかというと、例えば、たった1ミリリットルの水にも、およそ10の23乗個の電子が含まれているのに、そのすべてが「全く同じ電子」だからです。もしそれぞれの電子が違うものであり、違う物理法則に従っていたとすると、おそらく科学の発展はなかったでしょう。小さい世界を見ていくと、世界は非常に単純になっていくので

図3　知られている素粒子

**物質粒子**
物質を構成する素粒子

クォーク

u アップクォーク
c チャームクォーク
t トップクォーク
d ダウンクォーク
s ストレンジクォーク
b ボトムクォーク

レプトン

$\nu_e$ 電子ニュートリノ
$\nu_\mu$ ミューニュートリノ
$\nu_\tau$ タウニュートリノ
e 電子
$\mu$ ミュー粒子
$\tau$ タウ粒子

**ゲージ粒子**
力を伝える素粒子

$\gamma$ 光子（電磁気力）
g グルーオン（強い力）
$Z^0$ Z粒子（弱い力）
$W^\pm$ W粒子（弱い力）

**ヒッグス粒子**
質量の起源となる素粒子

H ヒッグス粒子

す。

想像してみてください。宇宙にある素粒子の種類は限られていて、その少なくとも重要な一部である17種類を、すでに人類は知っているのです。こんなちっぽけな地球という星に住む生物が、宇宙のことをこれだけよく知っているのです。想像するということ、そしてそこから生まれる科学。なんと素晴らしいことでしょうか。そして明日にもまた、新しい種類の素粒子が発見されるかもしれません。

## 迷路を描き続ける

小学生の頃、背が低く運動が極めて不得意だった僕が、レゴに加えて傾倒した遊びがある。迷路を描くことだ。

何のことはない、ただ、ノートに延々と迷路を描くのだ。それが無性に楽しくて、学校の休み時間でも、友達がドッジボールをやっている間、ずっと迷路をノートに描いていた。結果、迷路がたくさん描かれたノートが家に積み上がっていった。

先日、小学2年生の娘の机を見ると、なんと、迷路を描きまくったノートが開いて置いてあった。それを眺めて、血は争えんな、と妻と笑う。自分の小学生の頃の迷路ノートを保管して持っていたので、それを取り出して娘に見せると、娘は嬉しそうに、ぐにゃぐにゃ矢印付き迷路もあるのかと、新しく迷路を描き始めた。

そんな娘と迷路のことを話しているうち、なぜ自分が迷路を描いていたかを徐々に思い出してきた。そもそもの始まりは、当時書店で売られていた『小学一年生』という雑誌に迷路が描いてあった、とか、そんなことだったと思う。面白いから自分も真似て描き始めたのだった。

はじめは、ノートの隅に小さく描いていた。そのうち、ノートの1ページの大きさになり、そして、ノートの罫線を使って四角い迷路の縦横の線を描くことを思いつき、かなり稠密（ちゅうみつ）な迷路を描くことが始まった。それだけでは面白くなくなったので、道がインターチェンジのように入り組んだものや、縁を日本列島にした列島迷路、駅をつなぐ電車迷路、などとバラエティを増やしていった。最後には、それぞれを結合し、ノート一冊が迷路になるところまで進んだ。さすがに、ノートをまたいで迷路が続くようなものには手を出さなかったけれども。

一度描いてみるとわかるが、迷路を描くにはコツが必要だ。まず、きちんとスタートからゴールにたった一つだけの経路でたどり着かないといけない。迷路には全体像が必要で、その中で正解をどのように配置するかを考えながら、細部を作り込んでいく。一度ゴールの近くまで行くけれども、実はまたスタートの近くに戻らないといけないようにしてみたり、また、ゴールに近づくように見える経路が実は袋小路だったり、という罠を仕込んでおくのも楽しい。また、ある場所から別の場所にワープできたり、途中でポイントを稼ぎながら進むルールだったり、一方通行の矢印をつけておいてループに誘い込むものを作ったり。

描き終えた迷路は、学校で友達に解かせる。そう、友達が面白いと思うような内容と難易度の迷路を描く、ということに細心の注意を払っていた。難しすぎたり長すぎたりして、友達が解けない迷路は失敗である。簡単すぎるのも失敗だ。つまり迷路を描く目的は、誰も解けない難しいものを作ることではなく、友達と遊べることだったのだ。

これは極めて子供らしい動機だが、今の物理学者としての僕を形作った、とも考えている。そもそも物理学に代表される科学には、慣性の法則や重力の逆2乗則などの基本ルールが存在している。これは、迷路には道からはみ出さずにスタートからゴールへ行く、というルールがあることに相当している。そして、科学において解くべき問題は、実はあらかじめ存在しているのではなく、自分の中から湧き上がるものなのである。解けるか解けないかのギリギリの問題設定をして、自分なりの解法を提示する。それが、科学論文である。

一般に誤解されていることかもしれないが、科学はあらかじめ謎が与えられているものばかりではない。おおよそ、謎といわれるものは、その問い方を間違っている場合も多い。

一度自分で「正しい」問い方を与えれば、自ずとそこに解き方が現れるのである。友人の数学者が言うには、「問題と同時に答えがある」ということだ。はじめから問題が与えられていて、科学者はそれを解こうと必死になっている、という間違った描像は、受験勉強の後遺症なのかもしれない。

今になって思うに、迷路をたくさん描いていたのは、問題を自分で設定し、同時に答えを与えるという楽しみ、そして友達と一緒に解く喜びを持つという楽しみ、これらがセットになった経験だったのだ。それは、科学研究の醍醐味とそっくりである。

さらに言えば、数学の研究においては、四則演算以外の演算記号を自分で作り出すことができる。つまり、楽しくなるようにルールを自分で与えることができるのだが、これは迷路のルールを拡張していくことに他ならない。

大人になってからは、科学研究で十分満足しているのか、迷路を描かなくなってしまった。けれども、娘が描いていると、うずうずしてくる。よし、久しぶりに罫線ノートを開いてみようか。

## 近眼の恩恵

近眼というのは便利なもので、重宝している。目から入ってくる情報は恐ろしく繊細で大量であるが、その中の不要な情報をシャットアウトしたい時、メガネを外せばよいのだ。すると、いきなり視界がぼやけ、にじみ、印象派の世界になってしまう。落ち着いて思考の世界に入っていくことができる。

「メガネを外さなくても、目を閉じればいいではないか」と言う人もいるかもしれない。ところが、その意見には明確に反論できてしまう。目を閉じるのは危険すぎるのである。道を歩いている時に目を閉じるなんて、怖くてできるわけがない。でも、僕のように視力が0・1程度なら、メガネを外しても、まだ不安なく生活ができるようだ。電車に乗り込んでホッとした時や、キャンパスのいつもの道を歩く時にメガネを外してみる。そうすると、自分の思考が脳の内側に向き始めるのがわかる。

もちろん、自分の家や研究室など、普段動き慣れた場所では、メガネをしてもしなくても、情報の入り方は同じであるから、特にメガネを付け外しはしない。慣れた場所には新しい情報はないということを知っているからである。しかし、知らない人がいる場所、行ったことのない場所などで、ポツンと一人、考え事をしたい時にはメガネを外す。すると、まるで我が家にいるような思考状態に移行できる。

僕がメガネをかけ始めたのは中学校に入学する頃だった。小学校で、オリオン座を観察してノートに書く、という宿題が出た。僕には星が見えなかった。すでに近視になっていたのだが、そんなことなど知る由もない。そこで、でたらめに、でもまるで本当に見てきたかのように、オリオン座の動きをノートに書いて、宿題をごまかそうとした。そのノートを見た親が、おかしいと思ったのだろう、僕の目が非常に悪くなっていることを発見した。初めてメガネをかけた時、この世界はなんて繊細なんだろう、と感心したことをよく記憶している。そして同時に、メガネを外せば、周囲の詳細な情報から隔絶した「本当の自分」を感じることができることを、僕は自然に習得した。

だから、メガネを外している時間が、僕はとても好きだ。ふわふわと頭の中に浮かんでは消える情操を、自在に感じ取ることができる。小説を読む時もメガネを外す。幸い、手元の本の文字はよく見える程度の近眼だから、本の見開きが、目で感じられるすべての情報になる。そして、その情操を外界に放出したくなった瞬間にメガネをかける。その瞬間が、モヤモヤした情操を言葉にかえる時であり、また、美しいモヤモヤが消えてしまう愛おしい時でもある。

ただし、メガネを外したことで問題が起こったことが何度もある。ある時、電車に乗り込んだ僕は、座席に腰を下ろし、メガネを外した。ぼんやりと思考の渦に飲み込まれていった。しばらく時間が経った頃、突然、向かいの席に座っていた女性が勢いよく立ち上がり、顔をこちらに向けて、怒ったようにフンと言った。あまりの動作だったので、メガネを外していた僕にもその怒りがよく伝わってきた。はて、僕は何か悪いことをしたのだろうか。わからぬままに呆然としていると、その女性は歩き去って、近くの違う席に腰を下ろした。

このようなことを何度か体験した後、ようやく僕はその原因を突き止めた。メガネを外して、相手の表情も全く見えない状態で、知らずに僕は向かいの席の人をずっと睨みつけていたのだ。もちろん、向かいの席の人は、僕が近眼であることなど知る由もないので、何の因果で睨みつけられているのかと非常に不審に思ったのであろう。しまいには睨み合いになり、それでもらちが明かないので、席を替わる羽目になったのだ、と想像する。

目というのは重要なコミュニケーションの手段であり、白目部分の大きなホモサピエンスは、相手が見ている方向という情報をコミュニケーションに用いられるよう、進化してきたそうだ。コミュニケーションとは双方向でなされるものなのだから、メガネを外して勝手に情報を遮断している僕が悪い。だから、なんとか周囲の人にも、僕は普段はメガネ男子だけれど今は外しているんだよ、ということが自然と伝わる方法があればいいのだが。「僕は近眼です」と書いたTシャツを着るのは恥ずかしい。「よぉし、メガネ外そう」と大声でわざわざ独り言を言ってから外す、という方法もありそうだが、余計に問題を起こす気がする。

僕は懲りずに、メガネ外しの時間を今日も楽しんでいる。近い将来、スイッチを押せば自動で少し曇るようなメガネが開発されればいいのに。

# 人生における数字

娘の誕生日を家族で祝っている時に、「もう太陽の周りを16周もしたんだね」と感慨深く感想を言ったら、娘が妙な顔をした。どうも、その表現がしっくりこないらしい。16歳の誕生日を迎えたというのは、科学的には紛れもなく、太陽の周りを16回公転したということを意味する。しかし公転が時間感覚として長いものなのか短いものなのかは、物理学者の僕と高校生の娘では共有されていないようだ。もちろん、「生まれてから地球が6000回ほど自転したね」という表現は、なおさら悪いのである。

僕が奇跡を祝いたいと思った理由を説明してみよう。物理学の法則にミクロでは従っているはずの我々生命が、太陽の周りを公転するという驚異的な長さの時間、無事に生命活動を持続できるということこそ、本当に奇跡的なものだ、と感じたのだ。脳神経を電気パルスが伝わる時間は数ミリ秒以下だ。素粒子の物理現象が発生する典型的な時間スケールはさらにもっともっと短い。それらに比べて、地球の公転というとてつもなく長い時間。

その驚異的な差に感謝したかった。

後から考えると、もちろん娘としては、「去年の誕生日の頃は、こんなことがあったね」とか、「今年は成長したね」とか、そういった話題を期待していたものと想像できる。つまり、僕の感動の仕方はかなりずれていた。

しかし、こうやって時間の「単位」を意識しながら生活することは、時に精神的な助けになる。娘がまだ小さかった頃のことだ。毎日何度も娘のオムツを替えることに本当に疲れてきて、育児は大変や、とブツブツつぶやいていた。ふと育児書を見ると、「3歳頃にはオムツを卒業する」と書いてあった。ふむ、3歳か。いま娘は1歳。すぐに計算してみると、オムツを交換するのも、多くともあと4000回ほどしかないことがわかった。

そうか、娘もいつの間にか成長して、オムツの世話もしなくてよくなるのか。4000回といえば、1日にこぐ自転車のペダルの回数程度じゃないか。無限じゃない。有限だ。そう考えると、非常に近い将来、もう娘のオムツを交換しなくてよくなって寂しがっている自分の姿が、ありありと思い浮かんだ。

その日からの毎日は、オムツを替えることを厭わなくなった。むしろ、オムツを替えるたびに、しんみりと娘の顔を眺めるようになった。

つい昨日も、こういった数字に助けられた。科学者は研究成果を論文にして世に出すことが最も重要な活動である。昨日も新しく世に出す論文の原稿を書いていて、自分で書いたその1行が全く気に入らず、何度も書き直したり、その文章の背後にある物理学の計算をやり直したりして、結局、1行書くのに4時間もかかってしまった。しかも、そんなに時間がかかったのに、まだ満足できない。英語でたった10単語ほどなのだが、ダメだ。気が滅入った。

ふと、自分が今まで科学者として何行を世に残しているのかが気になった。出版論文は100編を超えたところであり、それぞれの平均ページ数を乗じて、共同研究者の数で割り、1ページあたりの平均行数でさらに割る。それを、今までの科学者人生の日数で割ってみた。すると、僕はおおよそ1日あたり3単語を書いたという結果になった。1日あたり、たった3単語。

その数字には感慨深いものがある。僕は今まで全精力をかけて、科学論文を書いてきた。もちろん、論文は数や長さではない。文章の背後にある科学概念がどれだけ革新的か、どれだけ物理現象を反映しているか、それが「論文」だ。しかし、自分がすべての力を注いできた結果として、1日あたりの単語数が3なのだから、4時間かけて10単語しか書けなかったということで、何をくよくよする必要があろう。

数字は、このように、精神的な助けを与えることもあるが、時に残酷である。子供の頃、人間の平均寿命がおよそ80歳であることを知り、それを日数に換算したことがある。単に365をかけるだけである。答えは、およそ3万日だ。小学生の僕は非常に驚いた。なんとなく朝起きて、小学校に行って、1日を過ごしている。これを3万回繰り返すだけで、僕はもうおじいさんになり、そして、この世からいなくなる。なんと恐ろしいことだ。美味しい晩ご飯も、3万回しか食べられない。無限ではないのだ。

恐ろしすぎて、僕はこの計算を、胸の奥にしまうことにした。とっておきの時だけに取り出せばよい、そういう箱に。

数字というものは、誰が計算しても同じ結果になる、平等なものである。それが、人類の文化としての数学の意義でもある。しかし、数字の解釈は人によって、そして人生のステージによって違う。僕のこれからの人生、こういった数字がどんな解釈を持つのか、そしてそれを自分で変えうるのか。気を揉(も)みながらも楽しみである。

## 黒板の宇宙

大学の僕の部屋には、壁一面に黒板が設置されている。その床から天井までの広い黒板の前に、ぽけーっと立っていることが多い。僕にとってこれは研究活動である。

僕の部屋に入って来られた方は皆、この大きな黒板に驚かれるのだが、実は理論物理学の業界では珍しいことではない。世界中のたくさんの研究所の部屋に、広く大きな黒板が設置されている。中には、はしごを持ってこないと絶対に届かない、高いところまで続く黒板もある。誰もそんな高い場所に書いたことはないだろうし、これからも書く人はいないだろう。

そのような黒板の前で、ぽけーっと突っ立っている僕を、もしご覧になったとしても、それは研究を行っている最中だとご理解いただきたい。世界中で、黒板を囲んで、たくさんの科学者が研究を行っているのだ。

僕は、黒板は宇宙のようなものだと思っている。宇宙は広く、深い。人類の知らないことがいっぱい詰まっている。見方、引き出し方によって、人類が未だ発見していない新しいアイデアや考え方が「見える」という形で現れる。

理論物理学者の僕は、研究を行うツールとして黒板を使っている。朝、通勤途中などで思いついたアイデアを黒板に書き、膨らませる。絵を描いてみたり、そこにアイデアをとりとめもなく書き込んでみたり。また、数式を書いて、それを変形してみたり。すぐに行き詰まることもあるが、小一時間書き続けることもある。そういう時に、黒板が広いというのは、大変ありがたい。いくら書いても、出発点を消さなくてもよい、という実用上のメリットもあるが、それより、「どこまでもアイデアを広げていいんだよ」というお許しが視界から直接自分の脳に入ってくるのがよい。それが、小さなアイデア君を勇敢にさせてくれる。

理論物理学の研究は、他の研究者と共同で行うことも多い。黒板の前に集まって、自分の考えた道筋と見えた世界を相手に説明する。広い黒板は、相手のアイデアに自分のアイデアを乗せ、相乗効果を起こすのに最適である。時には黒板の上で、理解困難な数式や図表に出くわすこともある。そんな時は、黒板の一点を見つめ、何人もの人が黙り込んで、あたかも一枚の写真のように動きが止まってしまう。しかし、それは研究の一時停止ではなく、むしろ、黒板の上の数式と自分の頭との対話が始まり、あたかも黒板と自分の頭が融合してしまったような感覚が発生している瞬間なのである。

黒板の上の文字や数式を眺めていると、ふと、新しい考え方が浮かぶことがある。共同研究者との会話が刺激になり、それが、黒板の単なるチョークの粉の集合体に、人類が知るべき価値を与えることがある。宇宙としての黒板から、新しい「星」が見えた瞬間だ。

もっともっとそんな体験をしたくて、理論物理学者になった。2010年、初めて自分の研究室を持った時、研究室の若い研究者たちが集まる大部屋の壁一面に、大きな黒板を設置した。それが昔からの夢の一つだった。設置された黒板の前には、昼も夜も関係なく若者が集い、毎日毎日、巨大な黒板を新しいアイデアで埋め尽くしていった。それは、本当に夢見ていた光景だった。

昔、オックスフォード大学に研究滞在した時に、大学の科学史博物館を覗いてみたら、アインシュタインが講義した時の黒板が、彼の書いた方程式とともに保存されていた。その前でしばらく立ち尽くしたのを今でもよく覚えている。ただ、黒板は誰にも触れられぬよう、地上3メートルほどのところに固定され、ガラスで覆われていたのが、非常に残念だった。もっと近くで、写真ではないアインシュタインの息吹を感じてみたかった。そうすれば、彼がどんな風にアインシュタイン方程式を考えていたかが、ひょっとしてわかるかもしれないと思ったからだった。

日本人で初めてノーベル賞を受賞した湯川秀樹が、コロンビア大学客員教授時代に使っていた黒板、というものがある。

研究棟の建て替えのために黒板が廃棄されるので、引き取り手を探している、という話を聞いた時、僕は真っ先に手を挙げた。今、それは大阪大学理学部の共用スペースに設置されている。3メートルの高さではなく、普通の高さに。ガラスに覆われてはいない。今日も学生や教員が、その黒板を自由に使いながら、勉強し、研究している。

僕はその「湯川黒板」に、時々、手を当ててみる。天然スレート（粘板岩）でできた黒板は、いつもヒンヤリしている。チョークは滑るように動き、カツカツと音がする。一瞬にして、その黒板に書いていたであろう湯川秀樹とつながる。

黒板は理論研究の加速器であり、かつタイムマシンでもある。タイムマシンは未来にも行けるんですよ。

## 神と触れ合う時

学校の教科書を読んでもあまり面白くないと感じることが多いのは、教科書が「神の視点」で書かれているからなのではないか。神様の気持ちなんて、人間にわかるはずもないのだから、神が書いた本は、たとえ論理的には人間にわかるように書かれているとしても、面白くない。様々な教科の中でも、数学の教科書は、神が与えた「パズル」を解く気分だから、まだマシかもしれない。しかし、例えば歴史の教科書のように、歴史的な事実が羅列してある場合、それは神の視点である。つまり、そのすべてを知っている人間はいないはずなのに、あたかも知っているかのように書かれているのである。

ここで、この文章の中だけの定義として、「神」を定義してみよう。神とは、全人類の集合知と同等かそれ以上の存在のこととしよう。この定義では、教科書は神の視点を持つ。教科書は、本当はこれまでたくさんの研究者が解き明かしてきた「事実」の集大成なのであるが、それがあたかも一人だけが全部を見てきたかのように語られる。それが学校の教科書だ。神なのだから、共感できるわけがない。

ところで、僕はマンガが好きである。マンガは神の視点ではなく人の視点を与えてくれる。まず作者が誰であるか明確であるし、マンガの主人公からの視点が与えられる作品が多い。主人公に感情移入できる作品が、自分の好きなマンガになる。そこには、教科書や学習マンガにあるような「神の視点」はない。「人の視点」が満載である。

それでは、物理学者が書く研究論文はどうだろう。実は研究論文は、神の視点と人の視点のちょうど中間、しかも神と人間をつなぐようなものであろうと僕は考えている。それは、人間が神と触れ合う瞬間を提供している、とも言えるかもしれない。

理論物理学はこの世界のあらゆる現象を数式で解き明かす学問であり、理論物理学のほぼすべての論文はそのような意図で書かれている。論文にはすべて執筆者があり、執筆者は論文に書かれている科学的成果を説明する主体である。つまり、論文の段階では、それは人の視点である。一方で、理論物理学のあらゆる論文は仮説である。自然現象との比較によって、その仮説が真であるかどうかが判断される。実際に物理実験を行って、理論仮説の通りに実験結果が出た時に、その仮説は自然の真理をつかんでいる、という段階まで格上げされる。これを、「仮説が『自然』に選ばれる」と表現する。その時が、まさに神の視点に近づいた瞬間である。なぜなら、自然こそが人類の集合知を超えた存在であり、自然の仕組みを解き明かすことが物理学という学問だからである。だから、神と人間をつなぐ位置にあるのが研究論文なのだ。

高校の教科書に書かれる内容は、非常に多数の科学論文のうちの、ごく一部でしかない。それは、自然という神に選ばれた論文だ。物理学は予言する学問であり、理論物理学者が考案する仮説は、何千、何万に及ぶ。多種多様な論文の予言が交錯する中、実験が行われ、実験結果とぴったり整合する論文だけが、「自然」を記述している理論であるとの称号を得、選ばれて残るのである。そして、それらの選ばれた論文の、さらにごく一部が教科書に掲載されるのだ。

2012年にヒッグス粒子と呼ばれる素粒子が実験で発見された際、理論物理学の論文が大量に「死ぬ」という事件が起こった。ヒッグス粒子の発見は、1994年のトップクォークという素粒子の発見以来の大きな歴史的な実験結果であった。ヒッグス粒子の性質、特にその質量について、それが実験で発見される直前まで、幾多の論文が書かれた。その数は数千とも言われる。未発見のヒッグス粒子の性質について、様々な理論的予想が論文に書かれた。それらが、２０１２年のヒッグス粒子の実験的発見により、ほとんど淘汰されたのである。数千の論文が死んだ。素粒子物理学はこの１００年、そのように論文の大量殺戮（さつりく）を繰り返しながら進展してきた。

ピーター・ヒッグスのように、自分が理論的に予言した素粒子が実験で見つかる、という幸福に恵まれる科学者は、本当にごく僅かだろう。科学が進展するとき、そこに、幸福な科学者が一人いる。その科学者は、「神」と触れ合う瞬間を体験しているのかもしれない。

ある時、知人が「私たちは握手している時に素粒子を交換していますか？」と聞いた。僕が「そうですよ」と答えると、知人は非常に困惑した顔をしていた。「では、『私』の境界はどこにあるんでしょうか」

科学的な考え方は、時に、人間の知覚を大きく飛び越える。それは、今までに発見されてきた科学がすでに人類の集合知という神となっているため、その神の視点を用いて、次の科学を考えていくからである。科学が進歩するとき、人間は神を拡張しているのだ。

僕も科学者の端くれとして、自然という神に近づきたい。神と触れ合う瞬間は、一生に一度、あるかないかだろう。その瞬間は、どんな神々しさを持つのだろうか。

## 役に立ちますか？

「今回の発見は、社会でどのように役に立ちますか？」。物理学である発見があって、テレビ局からその解説のためのインタビューを受けた時の、質問である。心底がっかりした。「すぐには役に立たないでしょうね」と答えた。その言葉は放送には使われていない。

科学は技術につながり、技術は世の中で役に立つものだから、科学は社会の役に立つためにある、と考える人も多いのだろう。事実、「科学技術」というつながった言葉もあるのだ。テレビ局からのインタビューは、そういった人々の科学への期待を代表したものだったに違いない。だから、基礎物理学の研究の現場では、「この発見はどんな役に立つんだろう」「こうやったらもっと役に立つのではないか」という議論が毎日のように繰り返されている、と想像する人も多いかもしれない。

しかし、違うのだ。僕は素粒子物理学の研究者だが、少なくとも僕の周りで、研究に関して「役に立つか」を議論している姿を見たことは、この20年で一度もない。世界各国で研究をしてきて、いろんな議論をしてきた僕が言うのだから、おそらく、世界のどこでもそうだろう。つまり、基礎物理学の研究の現場では、「役に立つか」という質問自体が、全く興味の対象ではないのだ。

ある時、研究会の招待講演を終えて質疑の時間になり、高名な先生から質問をされた。「橋本くんの研究は何の役に立つの?」。実はこの質問の意味は明確だ。社会の役に立つかどうかではなく、他の物理への関係があるのかを聞いているのだ。物理学や数学は、その対象や手法によって、細かく分かれている。素粒子もあれば、宇宙もある、といった具合だ。僕は講演で、他の物理学分野との関係を指摘したので、こんな質問になったわけだ。その質問の後は、ひとしきり楽しい物理の議論になった。

素粒子物理学者は「役に立つか」で研究を進めてはいない。この世界はどうなっているんだろう、その「科学の不思議」を解明したくて、ずっと研究をやっている。それが、現在の物質宇宙の基礎方程式が発見されるまでに発展してきたのだ。

もちろん、発見されてきた物理学の成果が、社会を大きく変えることもある。例えば、最もよく知られている物理の数式というと、アインシュタインの $E=mc^2$ という式であろう。$E$ はエネルギー、$m$ は質量、$c$ は光速である。質量がエネルギーであるということを表したこの数式は1905年にアインシュタインによって導かれ、そして、その40年後、日本に原子爆弾が投下された。原子の質量がエネルギーに変換されることが、爆弾に応用されたのだった。科学の大発見は人類の運命をも変えうる。しかし、アインシュタインが爆弾開発に役立たせるために相対性理論を研究していたのではないことは明白である。

2016年、重力波が初めて観測された時、ニュース番組で「この発見はどんな役に立つんですか?」の質問が飛んでいた。やはりか、とニヤニヤするしかない。重力波の理論的予言が1916年であるから、観測まで100年かかっている。役に立つまで、あと100年かかっても不思議ではない。より正確に言えば、すぐに役立つかもしれないし、1000年後の未来でも人類の役に立っていないかもしれない。

しかし、重力波が存在するということは、アインシュタインの一般相対性理論がこの宇宙全体を支配していることの重要な証拠である。重力波は電磁波のように現在の人類の「幸せ」基準に照らした役立ち度は低いかもしれない。しかし、この宇宙全体で成立している人類の知見は、非常に普遍的な意味を持つ。それゆえに、思いがけない応用があるかもしれないのである。

役に立つかという視点は、近視眼的かつ局所的だ。重力波の予言から観測までの100

年の間に人類の生活がいかに変貌を遂げたかを思い起こすと、その発見が「役に立つ」ということの定規自体が変わっていることに気づく。基礎科学における発見は、その普遍性に重きが置かれるのは自然であり、「役に立つ」かどうかは、その普遍性からの一つの成り行きなのだろう。

恐る恐る、妻に聞いてみた。「僕の物理が今まで結婚生活で役に立ったことあるっけ?」。妻は考え込み、しばらくして、晴れやかな顔で次のように答えた。「洗濯物ハンガーの洗濯バサミが絡まってる時、ハンガー全体をある周期でガチャガチャ振れば絡まりがとれる、ってアンタ発見したやん、あれむっちゃ役に立ってるで」。つまり、僕の素粒子物理学が役に立っているわけではなく、物理学的思考が少しだけ生活に役に立っているようだ。うん、そういうことにして、安心して今日も寝ることにしよう。

## 孤独からの世界

世間的な「科学者」のイメージというと、白衣を着て実験室に閉じこもり、真理の探究に身を捧げ、研究室で孤独な生活を送っている、そのようなものかもしれない。でも、科学者である僕は、ちょっとそのイメージとは違うのではと感じる。常に、世界とつながっている感覚があるのだ。

科学者が社会と接するのは、科学論文を通してである。後にも先にも、これしかない。一つの科学論文を執筆するのに何年もかかることがある。アイデアの着想から始まり、それを科学的に確認していく気の遠くなる作業は、最終的に論文の形にまとまり、出版されて世に出ていく。論文といっても、結局のところ文字の並んだ紙である。その紙を文字で埋めるために、数年にもわたってひたすら作業をする。孤独な科学者のイメージは、そこから来ているのかもしれない。

孤独に見える外見的な日常について、そのイメージが間違っているとは思わない。けれども、僕はこの作業の間も、ずっと世界とつながっている感覚を持っている。それは、論文を出す瞬間に発生する、世界とつながるイベントのせいだ。

科学論文が発表されると、その論文は非常にたくさんの科学者の目にさらされる。僕の専門分野の素粒子理論では、日本時間の朝10時に、前日に投稿された論文のリストがアーカイブと呼ばれるホームページ上に公開される。毎日毎日、数十編の論文が発表され、全世界の科学者が目を通すわけである。一瞬にして自分の研究成果が世界にシェアされる。そして、様々な科学者からコメントのメールがやってくる。批判や賛辞、競合や叱咤、多様な科学的内容の連絡が、一瞬にして世界中からやってくる。知っている科学者だけではない、知らない科学者からもやってくる。そこで、科学的なディスカッションが始まるのだ。世界中の科学者と。

自分の研究は、その科学論文に集約されているのだが、論文を作成する過程で、常に世界の目を感じ、世界中の科学者に見てもらうことを目標にして執筆する。それが、常に世界とつながっている感覚を生み出しているのかもしれない。

一度世に出た論文は、もう、世界の一部になってしまう。自分の論文のアイデアに、他の科学者がアイデアを乗せ、融合させて、さらに新しい世界が切り開かれていく。これが、科学の発展である。他の人の研究の中に自分の研究の一部が活かされる。アイデアが世界で勝手に生きながらえ、成長していく。その様を、他の人の論文の中で使われる自分の考え、という形で眺めて毎日を過ごすことができる。たまには、そこで発展してきた考えを自分の中にも取り込んで、再融合させることもある。まるで、成人した自分の子供が久しぶりに帰郷したような感じなのかもしれない。

世界とのつながりやすさを実感したことが人生に何度もある。ある会合で知り合ったイギリス人の友人がいる。彼とはその後、数年間のディスカッションを通じて、論文をいくつか一緒に書いた。ある時、彼の年齢すら知らないことに気づいた僕は、「何歳やねん?」と(英語で)聞いてみた。すると、なんと僕と同い年であった。自然な流れで誕生日を聞いてみると、なんと誕生日も同じであることが判明した。僕らは笑い合った。一緒にこれだけ長く深く議論し合った間柄なのに、誕生日が同じだということもお互い知らなかったということに。僕は同時に非常に驚いていた。地球の反対側で同時に生まれた二人が、全く違う文化習慣で育ち、今ここで一緒に科学を議論している、ということに。

あるメールで知り合ったロシア人の友人がいる。メールで初めてコンタクトをした僕らは、お互いに会うこともなく科学の議論をメール上で続け、そして数ヶ月後、一緒に論文を書いた。論文を出した時の喜びも、メール上でお互いに表現しただけだった。半年後、その彼が、日本での研究会にやってくることになった。その会場へ出かけていってみると、そこには彼のホームページの顔写真そっくりな大男が立っていた。あちらも僕を見つけると、会場の向こうから走ってやってきた。お互い抱き合って、しばらくそのまま肩をバンバン叩き合った。

年齢、身長、国籍、そういうものに囲まれて、普段僕らは過ごしている。親しくなるには長い年月が必要である。けれど、科学の同じ問題を深く考えてきた科学者たちには、不思議な同胞意識が芽生えている。お互いの間の壁が極端に低くなる。

孤独に見える科学者だが、実はいつも世界とつながっているかもしれない。

## シャーロック・ホームズ

シャーロック・ホームズは世界で聖書に次いで読まれている読み物であると言われており、日本でも大変親しまれている名探偵だ。僕も例外ではなく、高校生の頃からハマってしまい、あげく、大学進学後にはシャーロック・ホームズの宿敵モリアティについての論文を執筆し、それを査読付きのジャーナルに投稿、掲載されたという経歴を持っている。この論文の執筆は、僕が初めて物理学の論文を書いた24歳よりも前なので、つまりは僕の最初の出版論文は物理学ではなくシャーロック・ホームズだった、ということになる。

今でも、暇を見つけては本棚から文庫版のシャーロック・ホームズを取り出してホームズの挙動を確認したりする。また、日本シャーロック・ホームズ・クラブ関西支部の会員でもあるので、そのマニアックな会報を眺めて、ほくそ笑む。数年前にはパスティシュを執筆し、文庫版ホームズに似せた体裁で私費出版して、友人に配ったりしてしまった。このように現在も「シャーロキアン」を続けているのは、高校生の頃に、自分の奥底にホームズが深く刷り込まれたせいだろう。

実のところ、僕が物理学を研究できるのは、そもそも物理学を研究する姿勢を「当然のものである」とホームズが教えてくれたおかげではないかとも思うのだ。ホームズは物理学者としての僕の血肉となっているように感じる。

シャーロック・ホームズを格別にしているのは、その奇妙な行動である。「第二の汚点」事件に代表されるように、知りたいことがあれば地面を這いつくばったり、また考えたいことがあれば親友ワトスンの会話も遮り黙想したり、一つの事件の謎に何日も集中したり、といったシーンが作品全編を通じて頻出し、一貫したホームズ像を提示している。これは、科学者の典型的な研究姿勢とも言えるのではないかと僕は考えている。実際、時間を忘れて問題に没頭したり、考え事に集中しすぎて事故に遭いそうになったり、という科学者の話はよく耳にするし、実際、自分がそうである。結局のところ、理論物理学の作業とは、自分が心の底から解きたい問題に出会い、それに没頭して自分を捧げ、時にやってくる解決のアイデアに狂喜する、そしてその報酬はお金ではなく自分の探究心が満足することだ、と言える。これはシャーロック・ホームズの行動哲学そのものであろう。

高校生の頃には、その格好良さに惚(ほ)れ込んでしまい、物事に没頭して「何かを解く」ことに憧れを抱くようになった。けれども、高校生の日常に、死体が転がっているわけでもない。せいぜい解くべき問題は、目の前の受験勉強の問題集だけであった。しかしそういった受験問題集は、小さな問題を大量に並べてあるだけであって、何日もそれについて考えぬくものではなかった。

そんな時に出会ったのが『大学への数学』という月刊誌の巻末に載っている「学力コンテスト」（通称「学コン」）だった。とんでもなく難しい数学の問題が載っており、解答を書いて封書で提出すると、その解き方のエレガントさを評価してもらえ、優秀者が巻末に掲載され、その栄誉を競うものであった。僕は下校の電車の中で、一つの問題を毎日考え、数日ののちに解を思いついた時の喜びはひとしおであった。電車の中で人目を気にせずノートに数式をひたすら書いていたあの日々は、現在も理論物理学の研究という形で変わらず続いている。

その頃にテレビで放送されていたシャーロック・ホームズシリーズ（英国グラナダTV制作）でホームズ役を演じていたジェレミー・ブレットは、ホームズの奇妙な行動を忠実に演じたことで有名であり、僕が大学生の頃には、ジェレミー・ブレットのホームズの仕草を毎日真似ていたものである。両手を口の前で合わせて黙想したり、はてはホームズの笑い方までを真似て友人と競い合った。

ホームズ作品は世界で初めて科学的手法を犯罪捜査に取り入れたと言われており、その意味でホームズは科学者であるのだが、科学者とはどんな人たちなのか、ということをわかっていなかった高校生当時の僕には、科学者とはホームズのような行動をする人たちのことであるとの誤解があった。しかし、今振り返ってみると、ホームズのような科学者は僕の周りにたくさんいる。ということは、あながち、高校生の僕の考えは、誤解ではなかった面もあるのかもしれない。

シャーロック・ホームズシリーズは、推理小説の最高峰であるだけではなく、科学の素晴らしさを広く世界に伝えている。そして、科学に従事する職業である科学者の奇妙な行動と生活も、こっそりと、いや大胆に、世の中に伝えているのだ。

僕はその策略に、まんまとハマってしまった。シャーロック・ホームズのような科学者になるべく、今日も電車の中で数式を書きまくっている。

## 鉄道から宇宙へ

新幹線のホームに列車が入線してくるのを見ると、涙が出てくる。その程度には、僕も人並みに鉄ちゃん、すなわち鉄道ファンなのだ。物理学者になっていなかったら、鉄道会社に就職していたかもしれない。実際、博士課程の大学院生だった頃には、就職活動の一環として、新幹線の車掌さんに突撃インタビューをしたこともある。

鉄道ファンにも色々と細かい分類がある。ファン同士で会うと、まずはどの鉄道雑誌が好きか、で所属分類を互いに認識し合うこともある。『鉄道ジャーナル』『鉄道ファン』『鉄道ピクトリアル』のどれを購読しているか、というお決まりのクエスチョンだ。一般に言われる分類には、乗り鉄や撮り鉄、車両鉄、音鉄といったものまであるらしい。では僕はというと、カテゴリーに名前がついているのかどうかは知らないが、配線と線路が好きな鉄道ファンである。

小学生の頃から、地元の近鉄電車や国鉄の配線図をノートに描いて遊んでいた。配線図というのは、路線図ではない。路線図をもっと詳しくした、線路自体がどのようにつながっているかを示した図である。線路が分岐する部分はポイントと呼ばれ、線路が実際に二股に分かれる。今でも、大好きなダブルスリップポイント（交差時にどちらの方向へも転換できるポイント）を見かけると、非常に興奮してしまう。

学習塾に通っていた小学生の頃、毎日のように近鉄電車の一番前の車両の最前部に立ち、運転士さんの一挙手一投足を観察して、線路や信号機との連係を覚えて、家で練習していた。運転士さんとは話したことはないけれど、とても身近な存在だった。

なぜ僕は鉄道が好きなのだろう。物理学者という職業の性質と何か関係があるのだろうか。もちろん、科学技術を用いて列車が動き、そして科学技術の基礎は物理学である、という意味では関連しているのだが、実はもっとわかりやすい意味で共通性がある、ということに気がついた。

車両が動くのは、モーターに電気を流しているからだ。モーターなんて、小学生がおもちゃで使うものと同じだ。電池をつなげば、軸が回る。そのモーターが入った鉄道のおもちゃもたくさんある。そんな身近なモーターが、あの巨大な鉄道車両を動かしているのだ。そこがすごいのだ。

ここに、物理学との共通性がある。物理学では、まず身近な物質や物体の運動や性質を調べ、それを数式にする。これを我々物理学者は「おもちゃ模型」と呼んでいる。そして、その適用範囲を広げ、より大きなものにまで適用して、考えを拡大するのだ。例えば、ニュートンが、リンゴが木から落ちるという現象をそのまま拡大して、地球を回る月の運動にまで適用することで万有引力を発見したという物語は広く知られている。このように、身近な現象を司る原理を拡大して適用することこそ、物理学の本質に見られる作業の一つである。

モーターをそのまま大きくすれば、鉄道車両という大きな鉄の塊まで動かすことができる。そして、そのスイッチを入れたり切ったりしている人、それが運転士さんなのだ。身近なものから想像力を広げ、それを限界まで考えるという物理学の基本と、鉄道の魅力は似ているように思われるのだ。

小学生の僕は、運転士さんを観察し続けているうち、あることに気がついた。運転士さんはポイントに差し掛かっても、自分でポイントでの進行方向の切り替えをしていないのだ。誰かがすでに進行方向を決めていて、その決まったレールの上を、走ったり止まったりしているだけなのだ。誰が決めているのだろう。

時刻表という分厚い本を初めて知ったのはその頃である。書店に並んでいるその本には、びっしりと、列車の運行のダイヤグラムが掲載されていた。配線図は掲載されていないので自分で想像するほかはなかったが、それぞれの列車がいつ、どこを走っているかが手に取るようにわかる。ダイヤグラム作成の裏には、配線図が存在するのは明らかだった。

これは、恐ろしいプログラムである。こんなものを作っている大人は、本当に天才だと直感した。列車が衝突しないように、かつ乗客の数や行き先を考慮して極限まで最適化された世界。この表を書いている人が、世界を支配しているのだ、そう漠然と信じるようになった。実際、急行列車に追い抜かれる普通電車で塾に通っていた僕は、通過待ちのダイヤグラムを設定した人のことをいつも恨めしく思っていたものだ。

素粒子物理学にも、ダイヤグラムが存在する。それは「ファインマンダイアグラム（ファインマン図）」と呼ばれるもので、素粒子の運行表のことである。我々の体や宇宙すべてを構成する素粒子は、くっついたり離れたり、宇宙空間のどこかを行き来していたり、といった運動を行っている。どのような可能な運動があるのかを分類するには、ファインマン図を描いて、それに基づいて、素粒子の運動を計算するしかない。列車と素粒子、そして鉄道と宇宙。この類似は、人間の発想力の限界をも示しているのかもしれない。

## コラム4　素粒子論とファインマン図

「素粒子論」と「ファインマン図」について、ここでご説明しましょう。

有名な物理学者であるリチャード・ファインマンが開発した図の描き方が「ファインマン図」です（ファインマングラフ、もしくはファインマンダイアグラムとも呼ばれます）。ファインマン図は、素粒子がどんな風に吸収したり合体したりするかを表す図です。左にその一例を示します。

このファインマン図を、素粒子論の研究者は毎日たくさん描いています。なぜなら、そのファインマン図に現れるプロセスこそ、この宇宙を支配する物理法則が表すものだからです。

素粒子物理学とは、それ以上分割できない宇宙の構成要素である「素粒子」についての学問分野です。物理学はおおよそ、実験と理論に分かれており、それぞれに従事する物理学者を「実験屋」「理論屋」と呼んだりします。そして素粒子物理学の理論分野のことを、「素粒子論」と呼びます。素粒子論の草分けは、湯川秀樹です。湯川は、原子核の中で起こっている現象を説明するために、新しい素粒子の存在を予言しました。このように、現象の根源を説明する理論を考える学問が、素粒子論なのです。

ファインマン図は、横軸に時間、縦軸に空間の座標軸がとられ、ある時間に素粒子がどこにいたかが描かれるものです。素粒子は線で表されます。上の図は、電子と陽電子が近づいてき

図4　ファインマン図

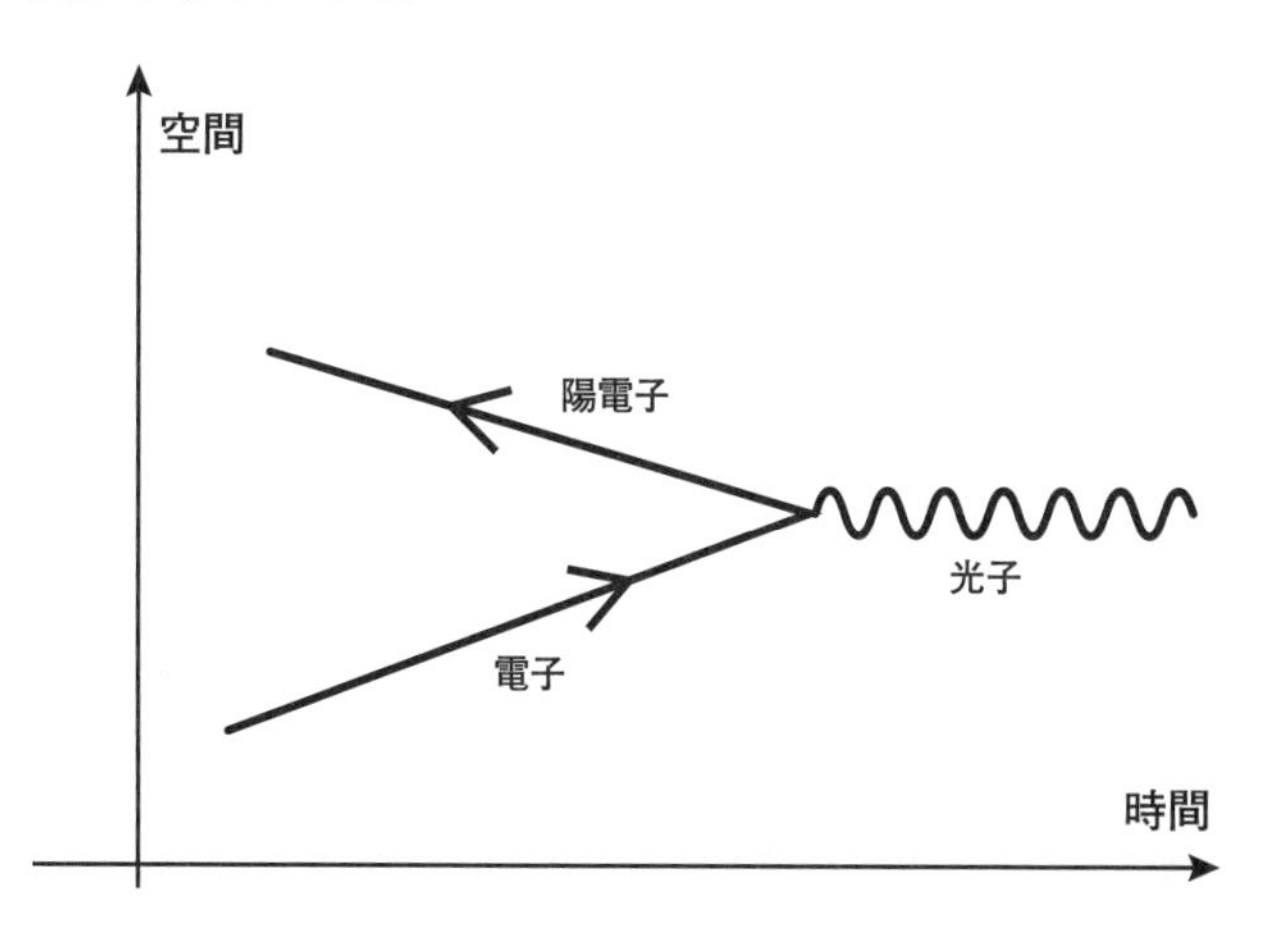


て、出会ったときに消滅し（「対消滅」と呼びます）、そこから光子が発生することを表すファインマン図です。矢印の向きは気にしないことにしましょう。また、時間や空間の座標の値は適当で、上の図では光子が空間の中で止まっているかのように描かれていますが、それも気にしないでください。ファインマン図では、何と何がどんな順序で出会うかだけが意味をもちます。

人間も素粒子でできているのですから、原理的には人間の動きもファインマン図で表せるはずですね。そして、人間を一個の素粒子とみなす、という「近似」を考えてみることは面白いでしょう。

## 視覚を操って宇宙を感じる

宇宙を感じる方法があるのをご存じだろうか。物理学を研究していると、「どうやれば宇宙や素粒子を感じられるようになりますか？」といった質問を一般の方からされることがある。実は、宇宙を感じる方法は非常に簡単だ。時折、僕もやっている。

朝早起きして、昇ってくる朝日を眺めよう。太陽は東の空に現れ、右斜め上に昇っていく。そこで、斜めに昇っていく様が、水平に見えるように、頭を左に傾ける。そして想像する。今の頭の向きが、地球の自転の軸なのだ、と。

その体勢をしばらく続けると、奇妙な感覚が体を襲う。自分の頭が斜めになっているのではなく、むしろ体が斜めになっているのだ、と。そして、自分の体は左側にある地球から引き寄せられている、と。これは地球が作り出す重力で、自分はその地球の上に万有引力で吸い付けられているだけだ、と。

ここで、理科の教科書を思い出す。地球は丸く、地軸を中心に自転している。日本は北半球にある。太陽の光が当たる昼の部分と、陰すなわち夜の部分がある。地球の自転につられて一緒に回っている自分は、今、陰から出てきた瞬間の地球上の点に立っているに過ぎない。

そう、宇宙を感じるには、早起きして頭を傾けてみるだけでいいのだ。頭を傾けて朝日を眺めるという作業が、自分の視点を日常から一気に宇宙空間から見た地球という視点へと連れていってくれるのだ。

それでは、なぜ、このような簡単な所作が自分を宇宙の視点に連れていってくれるのだろうか。

これは、人間は視覚からの情報が最も重要であり、それを基準にして外界を判断している、ということが理由であろう。人間の知覚には、視覚以外にも聴覚や触覚など色々とある。しかし、僕自身の経験上、視覚は最も重要な判断基準を与えており、それ以外の感覚は通常、補助的である。

したがって、自分の視覚を操ることで、自分自身を「望ましい環境」に入れることができる。宇宙を感じる視点は、まさにその応用例だ。頭の向きを地球と揃えることで、その視覚的な効果が自分を宇宙に連れていってくれるのだ。

僕は日常的にも視覚を操って環境を整えている。例えば、思考に集中する環境を作るには、視覚は邪魔である。頭の内側への熟考には、目からの情報は不必要なのだ。そこで、自分の目が悪いことを利用する。近眼なので普段はメガネをかけているが、熟考する時には外すのだ。通勤経路など、普段歩き慣れている道なら、メガネを外しても信号や車などは知覚できる。しかし細かい視覚情報をすべて遮断できるのだ。これは、継続的に深い思考をするのに大変効果的で、毎日のように活用している。

僕は幸い、中学生の頃から目が悪かったので、勉強や研究のための思考には、常にメガネを外す癖がついている。だから、メガネを取るということが、その時考えたいことに集中する、という意識切り替えスイッチにもなっている。

先日発見したのは、歯を磨く時に目を閉じる方法だ。僕は今まで、歯を磨く時には洗面所の鏡の前に立ち、自分の顔を凝視しながら歯を磨いていた。ある時に気づいたのだが、僕は自分の顔を凝視しているだけで、歯を見ていないのだ。そこで、そっと目を閉じて歯を磨くと、歯ブラシが歯をこする感覚をダイレクトに感じられる。どの歯をどう磨いているかが非常によくわかるのだ。

結局のところ、この歯磨きの例からもわかる通り、人間はほとんど一日中、視覚に翻弄されている。目を閉じることなど寝る時だけで、ずっと目から情報を取り込み、それを処理するだけで一日が終わってしまっているのだ。

先月から我が家には、一匹のハムスターが家族に加わった。ハムスターがポリポリと音を立てるので見にいってみると、餌を食べている。両手でしっかりヒマワリの種を持ち、目を閉じて、味わっている。目を開けるのは、次の一かじりの時だけだ。

ふむ、食事の美味しさを最大限に味わうには、目を閉じればいいのだ。当たり前のことだが、目を閉じて白いご飯を口に含むと、その甘さや香りが口中に広がり、本当に美味しい。これは、視覚情報をあえて断つことで、その他の知覚や思考を際立たせるからだ。

もちろん、目を閉じることには危険も伴う。メガネを外して歩いていて、ガムを踏んづけたことは数えきれない。あれだけ目を閉じて歯磨きに集中していたのに、今日は歯医者に虫歯だと告げられてしまった。僕もまだ、視覚情報を操る達人には遠い。

しかし、視覚に自分が支配されていることを知っていることで、人生において少しだけ得をしている気もしている。それは、自分の思考が効果的に進む環境になるように視覚を操ってやる、という裏ワザを知っているからだ。

## パイソンとのお付き合い

嫌いなものを学び始めるには、きっかけが要る。そして、学んでみると楽しくなるものだ。我が家の小学生の娘は、食わず嫌いが激しいのだが、食べる前には嫌がっていても、いったん食べ始めると、「美味しい美味しい」とおかわりをする。これがどの程度の頻度で起こるのか知らないが、一般性のある法則のようだ。

妻は物理学者の僕を指さして、「コンピューターのプログラムも書かれへん科学者は、あかんわ」とのたまう。そう、僕はプログラミング言語が嫌いなのだ。プログラムを書かないで科学研究をやっていることを、僕はむしろ誇りに感じてきた。コンピューターに計算させるくらいなら自分でやる、そんな科学者を目指してきたつもりだ。一方、ビッグデータ全盛の科学の現代、実際の物理実験はすべてプログラムで動いているのだから、「俺は計算を自分でやる」という言葉も、若干の虚しさを誘う。

自慢げに語るとするなら、今この原稿を書いているパソコンで、人工知能のプログラムが走っている。この人工知能のプログラムの一部は、僕が自分で書いた。奇妙なものだ、あれだけ「プログラミング言語は嫌いや嫌いや」と小学生のように言い続けてきた僕が、自分でプログラムを書いて嬉々とし、今ここで自慢している。そう、「きっかけ」があったのだ。

人工知能が囲碁の世界チャンピオンを負かすニュースが世界を駆け巡ったのは2016年だった。その年、人工知能の心臓部であるディープラーニングの概念を初めて知った僕は、自分のやっている素粒子物理学との類似性に気づいたのだ。そのアイデアは、結局、今に至るまで僕の頭を占領し続けることになるのだが、初期にはそれが研究としてなかなか進まなかった。結局、人工知能の理論的な概念を知るだけでは、自分の素粒子の研究にまでアイデアを昇華させることはできなかった。人工知能を自分のパソコンで動かして、その様子を観察する「実験」を行わなくてはいけない。そこで、ついに、これまでプログラミング言語を避けて人生を歩んできた僕が、第1行目のプログラムを書く日がやってきたのだった。

使っているプログラミング言語は「パイソン」だ。イギリスの伝説的コメディグループ「モンティ・パイソン」の名から取られたこの言語は、人工知能のプログラムに世界中でよく使われている。僕のパイソン習熟度はまだまだ低レベルだが、自分のパソコンで人工知能が動くことの快感は大きい。マシンが学習している様子を眺めながらビールを飲むのは最高だ。

もちろん、学習が進むようなプログラムを書き上げるまでには、数々の試練がある。例えば、文法を間違って書くと、パイソン様に叱られる。しかも、「お前のココがオカシイでぇ、書き直せや」という感じで、適切に叱ってくれる。相手はコンピューターなので、こちらが逆ギレしても効果がない。深呼吸するのみである。

我々が日常会話で使う言語は「自然言語」と呼ばれ、論理的正確性は要求されない。日本語では主語すらも省略され、また例外的用法も数え切れないほどある。一方、プログラミング言語は正確さが第一に要求される。自然言語との違いが、プログラミングを学ぶ際に最も大きな足かせとなっているかもしれない。

「いやぁ、パイソンよりC（言語）で書いた方が走るの速いよね」と知人がしゃべっているのを聞くと、そういうバイリンガルの方々が羨ましくなる。世界の様々なプログラミング言語には、その間をつなぐ翻訳ソフトもあるほどで、目的に応じて言語の選択が行われる。英語や中国語など、様々な言語が世界に存在することに似ている。

「プログラミング言語がネイティブの人」に話を聞いてみると、中学生の頃に、パソコンもないのに紙に鉛筆でプログラムを書いて遊んでいた、とのことだ。確かに僕も、ほとんど脊髄反射で会話をしながら高校まで暮らしていた実感があるので、高校以前に習得した言語をネイティブと呼ぶなら、彼はネイティブなプログラマーだ。そんな彼には、どのように世界が見えているのだろうか。

将来、もっとコンピューターが発達すれば、自然言語とプログラミング言語の違いも薄まってくるだろう。物理学者は、物理学で世界を見る職業である。物理学はこの1世紀で大きく進展し、世界の見方を変えた。物理学の礎が運動方程式という数式なら、コンピューターの礎はプログラミング言語である。これからの世界の変化を見るには、うってつけの学びの対象だ。

僕は、英語をものにするのに、アメリカで1年を過ごさねばならなかった。プログラミング言語も、たぶん同じようにプログラミング漬けにならないとダメだろう。そう思いながら、今日もパイソン様に3分おきに叱られつつ、プログラムを1行ずつ書いている。

## 科学は美しいのか？

先日、お笑い芸人の東野幸治さんがMCを務めるテレビ番組に出演した時のことだ。「科学者は数式を見て美しいって思うんですよね？」と聞かれ「そうですね」と答えた。すると次に「じゃあ数式と女性とどっちが美しいんですか？」と聞かれ、答えに詰まると、東野さんの「数式って答えとけや！」のツッコミで会場は笑いの渦に包まれた。

講演会でよく聞かれる質問がある。「小さい頃、星空を見て美しいと思ったから宇宙の研究をしているんですか？」

僕は星空が好きだったか？　答えはノーだ。星空をきちんと眺めたのは小学校の宿題の星空観察だった。僕は目が悪く、星が全然見えなかった。だから、僕にとって星空は、とても恨めしい対象だった。

大学生の頃は、椎間板ヘルニアを患って腰痛になり、よく野原にぼうっと寝転んで空を見ていた。空は、自分の体が思うようにならないことへの恨みに連動していた。

太陽の運動などの科学的なことには小さな頃から興味を持っていた。でも、宇宙の果てについての本を読んでも、なぜそこに書かれたように考える必要があるのかわからず、フラストレーションが溜まった。

科学者を志すことになるきっかけのような、自然に対する何かワクワクする美的感覚は、僕にはなかったのだ。自然に対して感動していない自分があった。むしろ、なぜそんな風に見えるのか、なぜそんな風に感じるのか、という原因を自分が納得することができずにいて、それがフラストレーションだった。こんな話をすると、驚かれて、がっかりされることが多い。

本当のところ、僕が惹かれたのは数学だった。数学は自然とは全く違っていた。決まったルールの中で、万人が納得できる形で論理が構築され、それが不思議な結果をもたらす。その世界は、安心の世界だった。

好きな画家は、と聞かれればエッシャーと答える。エッシャーの絵の背後の数学的な構成の奇抜さを美と感じた。その表面に描かれている絵柄は、僕には実はなんでもよかった。だから、高校数学で習うグラフの方がエッシャーよりも美しいと思った。

小学生の頃の楽しい遊びといえば、レゴ、迷路を描く、数字遊び。友達に誘われてバッタを捕りにいったが、バッタの行動には不安定要素が多すぎたため、そんな不可解なものは楽しめなかった。一方で、バッタの絵を図鑑で何時間も眺め、翅（はね）の構造や脚の模様などを模写した。バッタが飛ぶ仕組みは、脚の構造から自分が安心できたからだろう。

自分自身が何を美しいと思ってきたか、人生の前半部分を振り返ってみれば、科学的な現象、例えば星空などを美しいと感じたのではなく、数学のような構造を美しいと感じていたとはっきりわかる。だから、科学的現象を美しいと感じて科学者を志したのではない。

それでは、科学は美しいのか？　と尋ねられれば、答えはなんなのだろうか。これに答えるには、そもそも「美しいとは何か」を考えてみる必要があろう。美は感覚であり説明ではない。不安から安心へ、その気分の高揚とその後の安定化、それが「美を感じる」という生理ではないか。

僕は20代まで、人生とは自分の専門性を狭めていくことである、と思っていた。興味あることをより狭く見つけていくことが、自分の高揚と安心につながる、という一心だったのだろう。専門を狭めることが、人生において美を感じ続けることを確実にするための、僕なりの方法だった。つまり、僕の場合は、論理を構築する時に感じる「美」の追求のために、自分が考え、感じる対象領域をどんどんと狭めていき、その狭い中で自分を高揚させ安心させてくれるという意味の美を愛するようになったのだ。

大学院で物理学の博士号を取得してしばらくまでは、僕はまさにそのように生きていた。当然の結果として、宇宙や素粒子といった物理学の研究をしていたはずの僕の論文には、メートルなどの「単位」が全く書かれていなかった。僕は構造の美のみを愛しており、科学現象を愛していなかったのかもしれない。

今思うにそんな狭矮（きょうわい）な「美意識」っぽいものが、いったい自分の中でいつ芽生えたのだろう。そう自分に問うてみても、まだ本当には芽生えていない、という答えが最もしっくりくる。書かれた数式の構造は美しいと感じることが多いが、一方、美に先導されて研究をしている意識はないのだ。おそらく、無意識のうちに感じているであろう美的感覚から、僕の物理学の研究が進むのではと想像する。

だから、「科学が美しいから研究する」という文章には同意できるのだが、だからといってその美が科学者共通のものであるかは大変疑わしい。例えば「橋本さんのこの論文は美しいですね」と言われれば、僕は有頂天になって喜んでしまう。それほど「美しい理論」という言葉は褒め言葉である。けれども、そう言われたときには自分がそれほどその論文を美しくないと思っているケースも多い。科学における美というものは、非常に個人的なものなのだ。

「美がわからない」と言い放つ人は多いし、かつては僕もそう言っていた。でも結局、美はわかるものではなくて感じるものであって、美がわからないというのは当然だ。テレビのバラエティ番組では、この絵は美しい、こちらの絵はより美しい、とやっている。そういったものは他者とのコミュニケーションで必要となる「美」の事前知識であって、ある程度訓練を積んだ人が感じる美と、そうではない素人が感じる美は、もちろん全く異なり、どちらが正しいとか、どちらが上だとかいうことはない。

それに加えて、事前知識がたとえほぼ同じであったとしても、そこから生じる美の感覚は、甚だ個人的である。なぜなら、その感覚にはその人個人の人生が投影されるからだ。科学における美も、全く同様だろう。事前知識の違い、そして科学者としての経歴の違い、それらが作る美の感覚は、恐ろしいほどに科学者によって異なっていると想像する。

それでも「美しい論文ですね」という言葉が褒め言葉として機能しているのは、美の一部が科学者の中で共有されうるからだ。そして、その感覚は、科学者以外の人々にも、広い意味で共有されていると想像する。自然の神秘を解き明かす科学者という職業が社会の中で必要であると人々が考えるのは、その美的感覚があるからだと信じたい。

しかし、玄人の美の世界と素人の美の世界が分離した時には、美の体系は死んでしまう。科学における美は科学者の内在的な感覚である。だから、科学技術の最先端での発展や新しい科学の概念の登場によって急激に変化する。すると、世間一般での科学の美と、科学者の感じる美は、分離してしまいそうな気がする。

本当に科学が一般社会と分離してしまった時に科学は死を迎えるだろう。しかしそれが現実に起こっていないのは、科学の成果のうちのほんの一部が技術として放出されて人類の生活に変革を起こすこと、そして、科学は数学という人類の持つ究極の論理構造に依拠しているため、万人がそれを納得する方法が確保されていることが理由なのではないか。

科学における美意識は、このように繊細で、かつ科学を人類が進めていく上で必須である。しかし、美意識が個人的なものである以上、科学における美を語らい合うのは、何が科学における美かを同定するためではない。しかも、その美意識がいかに科学を作り出していくかというメカニズムは、科学的には判明していない。したがって現時点では、僕のような科学者が美を語るとすれば、科学を進める科学者たちの個人的な感情を吐露し合うことで、励みと慰みにするためだけなのではないか、と悲観的に思う。

## 幾何を感じたい欲求

ニューヨークの空港でこの随筆を書いている。目の前をたくさんの旅行者がスーツケースを引いて通り過ぎていく。床がツルツルに磨かれているので、スーツケースは音を立てずに縦横無尽に行き交っている。

もちろん、スーツケースの車輪が音を立てないような滑らかな床は、快適な環境を与えてくれる。でも、僕はスーツケースを引くときのカタカタいう音が好きなのだ。

市街地の歩道でスーツケースを引くと、歩道のタイルの幾何学的パターンに呼応して、様々なリズムの音が聞こえる。「タン、タン、タン」や「タタン、タタン、タタン」という単純なものから、言葉では言えないような複雑なものまである。歩道の上で進む方向を変えると、リズムが全く変わる。

歩道を観察すると、様々な形のタイルで表面が埋め尽くされている。最もポピュラーで単純なものは正方形だが、八角形や三角形、六角形のものもある。複数の種類のタイルで埋められている場合も多い。菱形と正方形の組み合わせ、三角形と六角形の組み合わせ。このような平面充塡（タイリング）の問題は、古代ギリシャの時代から数学では考えられてきた。

歩道のタイル張りのパターンをまず目で確認し、その上をスーツケースを引きながら歩く前に、音を想像する。そして、いよいよ歩き出す。想像した通りの音になっていると、ニヤリとほくそ笑む。

歩いていると中途でタイル張りのパターンが変わることがある。そういう場所を通過することが楽しみの一つである。一定の同じパターンの上を歩く時も、実は、スーツケースの車輪の間の幅とタイルの大きさの関係で、引く場所によりリズムが全く変わることがある。少しずつずらしながらスーツケースを引き、音の違いを楽しむ。駅や空港や歩道でこうやって楽しんでいるものだから、ひょっとすると他の方々の通行の迷惑になっているかもしれない。紙面を借りて謝罪しておこう。しかし、やめられないのだ。

昔から、指で膝を打ちながらリズムを取るのが好きだった。多彩なリズムを自分で作り出せることが楽しかったのだ。けれどもそれは、リズムを自身で作り出してそれに身を任せることで、思考停止の快楽に没入していただけだったろう。スーツケースの車輪の音を楽しむ趣向は、少し理由が違う。タイリングの幾何学が背後に感じられ、様々なリズムが数学に裏打ちされている様子が直接脳に到達するのが心地よいのだ。

数学をなんらかの感覚に置き換えて、それを感じて楽しむ、ということに執着してしまうのは、素粒子物理学者としては職業病かもしれない。素粒子は小さすぎて目に見えないが、その方程式からこの世界のすべてが組み上がっているのだから。方程式の数学の構造を世界の表現につなげることが、理論物理学者の仕事である。

物理学者になるずっと前、大学生の頃、勝手に出入りしていた研究室で、高次元多胞体（多面体の高次元バージョンのこと）を塩化ビニール板で作成してみた。高次元空間を見えるようにしたいと思って作ったのだが、作ってみても複雑で面倒なだけで、高次元空間が見えるようにはならなかった。

小学生の頃まで遡ると、フリーハンドでノートに鉛筆で美しい円を描く練習を、何度も何度もやっていたことを思い出す。円という完璧なものをいかに自分の不器用な手で作り出せるのか。美しい円を描くための手の感覚を得る、という課題に挑戦していた。

結局のところ、昔から僕は、不思議で複雑すぎるこの世が嫌いで、それは本当は美しい世界なのだと信じたかったのだろうと思う。数学や物理学を学べば、それが美しい論理で

構成されていることに酔いしれることができる。けれども、僕の身の回りに見える本当のこの世界が、そんなに美しいとは滅多に感じられない。だから、スーツケースの車輪が引き起こす音楽に身を委ね、幾何学がこの世を支配しているんだと信じられる瞬間が、非常に心地よいのだ。

恐ろしいことに、ニューヨークのサイモンズ幾何学・物理学センターには、ペンローズタイリング（**前ページ写真**）と呼ばれる特殊なタイル張りの小庭がある。数学者ペンローズが発見したこの簡素なタイル張りは、非周期的だ。つまり、この上でスーツケースを引いても、決して、繰り返しリズムにはならないのだ。

僕は自分のスーツケースを、恐る恐る、その小庭で引いてみた。スーツケースが発した音は、思った通り非常に不快だった。

２０１１年のノーベル化学賞は「準結晶の発見」に対して贈られた。すなわち、この宇宙には、自然に非周期的に原子が並んでしまう場合がある。世の中は思ったほど単純すぎはしないのだ。将来、非周期の科学を人類が踏破したとき、ようやく僕は、このペンローズタイリングの上のスーツケースの音を心地よく感じるようになるのだろうか。

相反するように見える「科学」と「感情」、それらの交錯を楽しみ慈しむ自分がいる。

## 別人格の自分に出会う

アメリカの友人と食事をしている時のことである。「この料理好きか?」と聞かれて、思わず「まあまあ好きだね」と答えていた自分がいた。本当は好きではないのである。親しい友人なので、特に嘘を言う必要もないし、その料理をおごってもらっているということでもない。なぜ僕はとっさに嘘をついてしまったのか。料理の好き嫌い、というのは「本音と建前」といったことでもないので、自分の思っていることとは逆のことを言う必要もないはずなのだ。

あとでよくよく考えてみると、英語で聞かれた時と、日本語で聞かれた時には、自分の答えが全く逆のことがある、と思い当たった。英語で話す時には、人格が変わっているのだ。とても恐ろしい。気づかないうちにもう一人の自分が育っていた。

もちろん、話し相手によって自分の答えの表現を変えるのは、当たり前である。でもそれが、話し相手というよりは、英語で話すという環境で変わってしまっている、ということに自分で気づき始めた。

理由はおおよそ見当がつく。20代後半、カリフォルニアで暮らし始めた頃のことだ。それまで日本で当たり前のように使っていた日本語、それを英語に翻訳しただけでは、人間関係がうまくいかなかった。

例えば、「おはよう」と言われた時にも、「元気かい？」「ああ僕はとても元気だよ、君はどうだい？」「ああ、元気だよ」と続けなければいけないのだ。ここで真面目に、「いや、ちょっと元気とは言えない感じの気分なんだけど、まあまあ元気とも言えるかな」とか答えると、不思議な顔をされて、心配される。だからとりあえず「元気だ」という言葉の定義を広くしておいて、たいていは自分が元気であるという状態にあると認識しておく方が楽なのだ。

物理学者は、研究の議論を毎日続けて、その研究の成果を論文として発表するのが仕事である。共同研究者とは議論をするのが日課だ。その議論の仕方が、カリフォルニアでは全く違っていた。しゃべりまくるのだ。物理学の新しいアイデアを誰かが話し始めると、「そうだそうだ」「いやそうではない、なぜなら」といった会話が怒濤(どとう)のように続き、全く止まらない。当初は相当戸惑った。研究の議論ができなくては研究ができない。

理論物理学の研究は数式で書かれるのだが、日本では、その数式を共同研究者と眺めて静かに考えているだけで、「議論」が成立していた。ところが、カリフォルニアでは、数式の前で自分がしゃべってアイデアを主張していないと、議論しているとは言えないのである。

ランチテーブルを研究者たちと囲んでいる時も、雪崩のように物理の議論がとめどなく押し寄せてくるスタイルについていけず、ランチのたびに落ち込んでいた。自分が研究に貢献できていない気がして辛かった。

毎日一緒にテーブルを囲んでいた一人に、インド人の友人がいた。彼はいつもニコニコしながら、他の人が話すのを聞くだけで、全く議論に参加しなかった。そこで彼に尋ねてみた。どうして議論に参加しないのか、と。すると彼はこう答えた。「国によって議論のスタイルは違うものさ。あの人たちのスタイルは僕には合わない。だって、あんなに速く話したら、自分が話していることが科学的に正しいかどうかも自分でわからないじゃないか。そんな議論はキライだ」

その時ようやく僕は気づいた。そう、文化の違いは物理の議論のスタイルにも大きく影響するのだ、と。そして、いつの間にか自分もそれに流されて、新しい文化に慣れようと喘(あえ)いでいたのだ。

気づいた後、考えた。このまま自分の日本スタイルを保って頑固を通すか、それとも、郷に入っては郷に従えの格言通り、カリフォルニア風の議論をマスターするのか。僕は後者を選んだ。

未だマスターしたとは言えないが、少なくとも、英語で議論をする時には、日本語の自分とは違う人格が登場して、そのモードに切り替わることは毎度感じる。そしてむしろ、英語の自分が日本語の自分に影響を与えていることもよく感じる。人と挨拶をする時も、ちょっと親しげに挨拶したい時には握手を求めたりしてしまうのは、英語モードの自分が出ているんだろう。

言葉が違うということは、言葉で作られる自分自身の考えも変わるということだ。ある時飛行機の機内で研究ノートを書いていたら、隣の席の人がいきなり聞いてきた。「ちょっと抑えきれずに聞くんだけど、いったいどっちで考えているんですか？　日本語？　英語？」。自分のノートを見ると、確かに数式に加えて、日本語と英語が並んでいる。

どっちなんだろう。自分でもわからない。きっと、どっちでもないんだろう。それが、本当の自分なんだろう。

# 第3章　物理学者の変な生態

# 奇人変人の集合体

温泉宿で、温泉にヨシ入るぞ、とガラリと浴場入り口の戸を開けた。すると、腰まである長い髪の方が、壁の方を向いて、髪にシャンプーを器用にこすりつけている。「す、すいません、間違えました！」。慌てて浴場を出て戸を閉め、脱衣所を振り返る。歳をとった男性ばかりだ。つまり、どう考えても男湯だ。では、あの髪の長い人は？

そう、それは二つ上の先輩だったのだ。大学院に入った僕は、初めて「素粒子論研究室」に配属され、夢の研究生活を送るべく意気込んでいた。そこで僕を待っていたのは、非常にユニークな先輩たちだった。

研究室に配属され、初めて研究室をウロウロして目に留まった窓際の机にはロシア語と長い数式でびっしり埋め尽くされた分厚いノートが散乱していた。部屋の先輩に訊いてみると、「ああ、それは〇〇くんだよ」と二つ上の先輩の名前が。「橋本くん、ロシア語は勉強しなくていいよ。彼の趣味だから」

のちに、その先輩に初めてお会いした時には、仰天した。古代人かと思うほど、腰まである長い髪をなびかせていた。この先輩が、研究室合宿の温泉で、髪を洗っていたのだった。ちなみに、初めての挨拶の言葉は、ロシア語ではなく日本語だった。

研究室には非常に変わった先輩が多くいた。例えば、毎日黒い服しか着ない先輩が、二人もいた。数年経った頃、どうしても知りたくなって、その一人に「どうして黒ばかり着ているんですか？」と訊いてしまった。答えは「黒は概念だから」だった。

お人形を一日中ずっと胸に抱いている先輩もいた。歩くたびに靴がいつも片方だけシューシューと音がする先輩もいた。トリカブトを下宿で栽培している先輩もいた。特にその先輩は、大粒の霰（あられ）が降ってきた時、「霰だ！　痛いかな？」と外に飛び出したほど、人生のギリギリを試していた。

どの先輩も、最高にカッコよかった。僕は惚れ込んでしまった。大学院2年生になる頃、僕は先輩の真似をして髪を伸ばし始めた。数ヶ月して肩を越えるくらいまで伸びた時、自分を鏡で見て、全く似合っていないことに気がついた。散髪屋に行った。

研究室の、恩師の一人である先生は、夏になると非常に短い海パンで研究室の廊下を歩いていた。髪の毛は天然パーマで、伸ばし放題だから、体に対する頭部の大きさが日に日に変化していた。3ヶ月に一度、急に頭が小さくなる現象があり、それを我々は素粒子物理学の専門用語をもじって「繰り込み」と呼んでいた（繰り込みというのは、計算結果が無限大になるのを有限にする操作のことである）。もちろん、3ヶ月に一度、先生は散髪屋に行っていたのだ。

研究室には、名高い物理学者レフ・ランダウの顔写真が書棚の上に立てかけてあった。ランダウも天然パーマだったのだろう、髪型はその先生と全く同じであった。僕は、天然パーマでない自分の髪を呪った。

ロシア語の髪の長い先輩と夕食を食べにいくと、彼だけ特殊なカレーを注文する。辛さが通常の20倍もある黒いカレーである。「うまい、うまい」と言いながらそれを食べる先輩を見て、僕はそれを食べられない自分の舌を呪った。

一言で研究室を例えるなら、素粒子理論の研究に集中するあまり、常識を捨ててしまった人の集合体と言える。おしゃれな人は一人もいなかった。パーマをかけた人もいない。いや、と言うより、僕も人の風貌や素行を気にしない人間に育ってしまったせいか、細かいことを覚えていない。どの先輩がメガネをかけていたか全く思い出せない。こんな僕に育ったのは、あの研究室で5年間を過ごしたからに決まっている。

僕は研究室での4年目あたりから、婚約指輪をし始めた。研究室の誰かが気づいたらなんて答えようかな、などと考えながら過ごしているうち、1年が経った。誰も気づかない。僕はしびれを切らして、研究室で同学年の友人に指輪を指差して見せた。「1年も前から、この指輪してるんやで」「ええええ!?」。友人は絶句していた。

僕も人の風貌を気にしないので、自分のことを棚に上げているが、とにかく、僕はこの研究室が大好きだった。物理学の話題では時間を忘れて議論し合う。先輩と後輩、学生と教員の区別なく自由に意見を出し合う。朝まで計算し、結果を比較し合う。そこには、風貌や素行、常識の垣根は一切なかった。

常識を捨てることをナチュラルにやっている先輩たちを心から尊敬した。それは、そんな先輩たちや先生から、驚くべき新理論が生み出される瞬間を何度も見てきたからだ。そうやって、素粒子理論の潮流が誕生し増幅され、科学が進んでいく。奇人の先輩方は今、日本の主要大学で教鞭をとり、科学を支えている。今週も、素粒子の性質を予言する新理論の論文を奇人先輩が発表し、楽しく読んだところである。

生活と科学を一体にすること、それがあらゆる意味で実現している研究室。その日々は、今でも続いている。

# 理学部語

僕は理学に身を置いてもう長いのだが、理学に身を置いていない人たちとコミュニケーションをとるのに、大変長い間、苦労してきた。「理学に身を置く」というのは、「理学部で研究をする生活を送る」もしくはそれと同等の状況、ということである。なぜコミュニケーションが難しいのだろうか。

最近、その理由がわかり、腑（ふ）に落ちた。僕は「理学部語」をしゃべっていたのである。「理学部語」というのは、僕が作った造語である。これは表向きは日本語だけれども、実は異なる言語として機能しているように思える。通常、言語が違うと、翻訳をせねばならない。もしくは、通訳を介さないといけない。2ヶ国語を操る人は、両方の言語や非母国語について、それなりの勉強をして、操れるようになるのである。実のところ、理学部近傍で僕が出会った人たち、特に自分も含むが、そういう人たちが話す言葉は、ある意味で外国語であるのだ。だから、コミュニケーションがうまくいかないのである。

こんな会話を例にとってみよう。

「あの子と俺の間には引力が働いてるんや」

「無理無理、永久に無理やって」

学生の友達同士の間で話されていそうな、このような他愛もない会話だが、理学部語に翻訳されると次のようになるかもしれない。

「あの子にも俺にも質量があるから、ニュートンの重力の法則により引力が働いている。ただし摩擦はないものとする」

「確かに、それぞれの体重を50キログラムとし、宇宙空間で100メートル離れて静止状態から運動方程式を解けば、2人が万有引力による運動でぶつかるまでは半年ほどかかる。分子運動の時間スケールに比べると永久と呼んでもいいいな。ただし宇宙論的スケールに比べるとごく微小の時間である」

まあ、これは極端な例ではあるけれども、理学部語の意味がおわかりになるのではと期待する。すなわち、理学においては、あらゆる記述において、まず仮定を明らかにし、次に計算に用いる法則を明示して、それに基づき計算を実行し、最後に計算結果の物理的解釈を述べる、というサイクルがあるのである。理学部近傍の人たちにはこのような科学のサイクルの訓練がなされているため、日常的な会話においても理学的なセンスをお互いに発揮して楽しむ文化が存在するのである。

もちろん、理学部語にとらわれているのは僕だけなのかもしれない。しかし、色々な会話をこのように翻訳していることが世間に知られれば、コミュニケーションが難しいことの理由として少しは理解してもらえるのではと思い、ここに吐露してみるのである。

もちろん、僕も通常の生活をしている。通常の生活というのが何を指すのかはよくわからないが、少なくとも警察のご厄介になるような生活の破綻は起こしていない。したがって、すべての会話が、先ほどの例のような理学部語に翻訳されているわけではないようである。先ほどの会話の例では、もともとの会話に「引力」「永久」といった、物理学で使われる用語が登場していた。このような物理学用語を匂わせる表現が、理学部語の使用を誘引しているのではと考えられる。

理学部語が厄介な理由がいくつかある。理学部語は日本語との境界が曖昧である。さらに、理学部語は日本語の表記を用いているために、いつ使われているのか、そして話し手が理学部語を母国語としているのかが不明な点である。これらの点が、理学部語の話者とそうでない話者との間で会話が開始された時に大きな混乱をもたらすのは疑いない。もちろん、僕だけなのかもしれないが。

読者の皆さんが理学部語の話し手とお会いになった時に役立ててもらえるよう、理学部語の常套句(じょうとうく)をいくつか紹介しておこう。

「いくら払った？　有効数字2桁でいいよ」

「ねえ、これどう思う？　ただし摩擦はないものとしていいよ」

「もー、あと何分で着く？　非相対論的近似でいいから」

「市役所まで何キロあるかな？　線形近似はダメだよ」

こんな、ちょっとした「呪文」を日常会話にほんの少し添えてみるだけで、理学部語を話す人たちとのコミュニケーションに、笑顔があふれることだろう。

もちろん、僕だけなのかもしれないが。

# 雲

雲を眺めていた。

ある晴れた日、仕事がたまたま早く終わったので、通りがかりの涼しそうな喫茶店に入り窓際の席に座った。街ゆく人は、まっすぐ前を見てすごいスピードで移動している。あるスーツ姿の若い男性は眉間にしわを寄せ、また、ある中年の女性はずっと下を見ながら、各々の速さとベクトルで移動している。

皆、それぞれの視界があり、それを脳で処理して運動する物質である。そういう僕も、移動する人々を眺めて、それらが物質であるという考えを脳で処理している物質である。

自分は単なる物質なのだろうかという、決して答えの出そうもない思考の多重ループの計算にまた陥りそうになって、そこはかとなく不安になった。自然な流れとして、道行く人々を眺めるのに嫌気がさした。僕は視線を喫茶店の中に向けた。そこには、コーヒーをする人、ウエイター等、動く物質という意味で全く同一の視界が開けていた。

多重ループは怖いのか、と聞かれたなら、胸を張って、いや怖くないと答えたい。多重ループの困難は、素粒子物理学でもよく調べられており、その対処法がいくつも知られていることに思い至った。ノーベル物理学賞を受賞した南部陽一郎の論文を大学院生の頃に読んだことを思い出した。多重ループを無限回計算しなくてはならないという困難を、計算結果全体の無矛盾性を要求することで回避する方法である。ループに陥るというのは、同じ地点に戻ってしまうということなのだから、同じ地点に戻る理由を知ることができれば、ループの構造を俯瞰(ふかん)できるというわけである。

思考のループにも、素粒子物理学の手法が適用できそうに思えた。しかし、自分が物質であるという事実の存在とは裏腹に、自分が物質であってほしくないという欲求が自分を周回し始めると、俯瞰しようと考える自分自身も物質であるという矛盾はどうしようもなく心を暗くさせた。

どちらを向いても人間が目に入るという世の中は、混雑しすぎているのだろう。人間がいない方向は、頭上だけとなってしまった。喫茶店の窓から空を見上げた。そこには、美しい雲が青い空に映えていた。雲は、ただただ、美しかった。安堵のうちに、自分と世界との境界が消えるような感触が、自分の肘(ひじ)のあたりに強く感じられた。

雲は瞬く間に形を変えていった。リクエストもしていないのに、多様かつ多彩な形状を僕の視界に提供してくれた。そのうちに薄い雲がかかり、雲自身の形状も曖昧となってしまった。薄い雲は、僕を若かりし学生時代に連れ戻してくれた。20年ほど前の大学生の頃、体の悪かった僕は、健康に一日を過ごすことができず、昼過ぎになると木陰で仰向けになって、空を30分ほど見ながら休むのが常であった。大学のキャンパスで、銀杏(いちょう)の緑の葉の向こうに見えた薄い雲は、今こうして喫茶店から見上げている雲と、なんら変わりはなかった。むしろ、全く厳密に同一であった。

大学生の頃から現在まで、20年の歳月が流れていることを思い出し、一瞬でその月日のことが思い出された。薄い雲のパターンを見るだけで、20年前のシーンが急に誘起されるところに、脳の機能の恐ろしさを垣間見てしまい、不安が一気に増幅された。しかし、その恐怖感はすぐにまた、薄い雲の向こうでゆっくり形を変える雲の形状変態にかき消されてしまった。

僕の心は、目の前の雲に完全に支配されてしまった。その形状と変化の不思議に、心を奪われてしまった。膨らんだり尖ったり、合体したり離れたり、並んだり奪い合ったり、消えたり現れたり、足を生やしたり折り曲げたり、突き進んでは止まったり、頭をたくさん出しては引っ込めたり。

あの形状の向こうには、たくさんの科学者の努力があるのだろう、ふと、そう認識した。雲を研究する科学者が、なぜ雲に魅せられたのか、その理由が、漠然と身近に感じられた。雨の予報や台風の進路、長期的な気候の変化といった実用的な科学が進んでいくその奥底には、雲の形状に魅せられた科学者たち、そして科学者の卵たちが、きっとたくさんいるに違いない。

僕は急に嬉しくなった。視界に入るあらゆるもの、物質を、不思議だなと感じ、理解しようと努力する、世界中の科学者の存在を、急に身近に感じた。そういう人たちが、過去からも未来からも、僕の肩をポンと叩いてくれた気がした。

僕は、胸を張って喫茶店を出た。

見上げると、空に、もう雲はなかった。

## かな漢字変換

パソコンの「かな漢字変換」はとても賢くて、文章をタイプしている人が気づかぬうちに、よく変換する漢字を自動的に覚えてしまう。そんな機能を皆愛用しているはずである。共同研究者とメールで物理の議論を毎日行っていると、その相手が日本人の場合、漢字で物理学用語を多用してしまっている。必然的に、僕のパソコンも、物理学用語をよく覚えて変換してくれるのである。例えば「せつどう」を変換すると「雪道」ではなく「摂動」が出てくるし、「かい」を変換すれば「会」ではなく「解」やギリシャ文字の「$\chi$」、「ようし」を変換すれば「容姿」ではなく「陽子」、といった具合である。

物理学用語が変換で現れないので、自分でユーザー辞書に登録することもよくある。例えば「びょうぞう」を「描像」という漢字に変換してくれなかったので、いちいち「描く像」と書いて「く」を消していたのだが、面倒極まりないので、ユーザー辞書に登録した。

そんな風にしていると、ユーザー辞書が物理学用語だらけになって、いかに自分の生活が物理学を中心に回っているかが辞書によって如実に表されてしまうことになる。確かに、他人のユーザー辞書をもし覗くことができたら、きっとその人が密かに考えていることが、ユーザー辞書に刻まれていることを知るに違いない。

そもそも、それぞれの人の考えの違いや豊かさは、一つの言葉から想起されるものが違うことからきているのだろう。例を挙げて説明してみよう。

今、僕が原稿を書いているパソコンの隣にはコップが置いてある。「こっぷ」という言葉だけにしても、もしくはコップの映像だけにしても、そこから想起されることは、人によって大きく違うだろう。

コーヒー好きの人は、コップに入っているコーヒーの種類はなんだろう、と思うかもしれない。デザイン好きの人は、コップの取っ手が妙にねじれて曲がっていることに気がついて、どうしてそんなデザインになっているのかと考えるかもしれない。熱力学が好きな人は、コップに入っている液体の温度とコップの材質や形状から、どのくらい冷めにくいのかを計算したがるかもしれない。トポロジー（位相幾何学）が好きな人は、そのコップの表面形状の曲面の基本群がZ×Zになっているかを確かめたくなるかもしれない。

そんな風に、コップ一つとってみたって、そこから想起される観念は、人の数だけあるのだろう。自分の辞書を作るとして、そこに「こっぷ」という項目を書いてみる。その説明の部分はどうなるだろう。「こっぷ」が自分の辞書で変換された時、そこに、自分の人生の切り口が現れる。かな漢字変換は、人生そのものをデータ化したものになっているかもしれない。

もちろん、言葉というものは意思の疎通をはかるために使うものであるから、その第一義は同一でシェアされていないと、本義を失う。しかし、一つの言葉の意味の境界は極めて曖昧で、実は人によってその定義や想念は、微妙に異なってくる。これは、厳密に定義された数学でもそうである。もちろん、「整数」といった時にそれが定義するところは、すべての数学者にとって同じであろう。しかし、整数という言葉が意味するその背後にある数学的概念は、科学者によって、それぞれ全く違うものになっているだろう。

物理学において新しい概念を発見した時、その概念を名付けるという幸甚に浴することがある。非常にうまく名付けられた物理学用語は、それがイメージを想起させるだけでなく、普遍的に用いられ、そしてその意義が物理の発展とともに拡大していく。例えば、2012年に発見された素粒子、ヒッグス粒子は、その粒子を理論的に予言したピーター・ヒッグスにちなんでそう呼ばれているが、現在では「ヒッグスする」のように動詞で使われるのである。例えば「このゲージ粒子はヒッグスされたので質量を獲得した」などのように使われ、ヒッグス場が他の素粒子に質量を与えるという意味である。新しい概念に名前がつき、その用法が拡大された好例であろう。こうして新しい言葉が人類のユーザー辞書に刻まれ、科学が進んでいく。

先日、ある数学者にメールを書いていた時のことである。「高次元幾何」と書こうとして漢字変換をしてみると「幸士元気か」と変換されたりして、大変驚いた。僕のことを「幸士」と呼ぶのは父ぐらいのものだから、なんとなく、父がそばに現れて励ましてくれたような気がした。誰もいない自分の部屋で、一人で恥ずかしくなった。

## 歩数計を欺く

しまった、今日は2000歩しか歩いていない。スマホの画面を睨みながら、僕はため息をついた。そうか、今日は天気が悪かったから、朝の散歩をとりやめたのだった。昼食の後も会議で忙しかった。夕食後は娘に誘われて、テレビゲームに興じてしまって、夜の散歩をしなかった。そして今、こうやってパソコンに向かい、指先のみの運動をしている。自業自得である。

様々な文献によれば、成人男性が健康維持のため1日に必要な歩数は、6000歩から1万歩とされているらしい。それに比べると、2000という数字の恨めしいこと。理論物理学者なら通例、計算結果の桁数さえ一致していれば喜ぶところではあるが、自分の健康にまで理論物理学を適用するのは危険極まりない。

今日の行動を振り返っていた僕は、ついにスマホの歩数計測機能を疑い始めた。今日の歩数がそんなに少ないはずがないのだ。家の中でも色々歩いているはずだし、それをカウントしていないのではないか。

スマホに付属している歩数計は、特殊な装置である。加速度センサーと地磁気センサーを利用して、歩行に伴ってスマホに発生する運動の変化を読み取り、「歩いている」と判断できる波形の時にのみ1歩とカウントする。その仕組みの大まかなところは、僕も科学者の端くれとして理解できる。しかし、どのような動きが1歩とカウントされるのかについては、自分でその波形検出のプログラミングをしたことがないのでわからない。したがって、スマホ歩数計の中身を知るには、スマホを持ちながら様々な実験をしてみるしかない。

家事をする時にありがちな、10歩ほど動いては向きを変えてまた10歩動く、という運動を繰り返してみた。また、スマホを手に持って画面を見ながら歩いている時に歩数がカウントされているのかを確かめてみた。最後には、ズボンのどのポケットが最も効率が良いのかを調べるために、ポケットの多いズボンにはき替えてみた。

結果として、大変残念なことに、スマホがかなり正確に歩数をカウントしていることが判明した。いや、これは残念なことではなく、むしろ科学の素晴らしさを称えるべきだろう。乾杯。もとい、完敗。

興味深いことに、手に持ったスマホを小刻みに振り続けても歩数カウントは増えない。その実験をしていて、急に自分の子供の頃のことを思い出した。親に歩数計を貸してもらった時のことである。その頃の歩数計は機械式で、歩数計の中の振り子が振動し検出しているのだろう、1歩歩くたびに「カチッ」と音がして、時計のような表示針が少し進む、といったものだった。きょうだいで誰が一番歩数計を進められるか、という遊びで競い合っていた僕は、画期的な方法を思いついた。貧乏ゆすりである。椅子に座り、膝のあたりに機械式歩数計を置いて、貧乏ゆすりを始める。手で歩数計の傾きを最適にチューニングしておくと、見る見るうちに、カチカチとカウント数が上がっていくのである。

それから30年以上経って、全く同じことを実験している自分を見つけ、なんとなく嬉しくなった。歩数計は明らかに科学的に進歩し、自分の実験の失敗が、科学の進歩を裏づけたのだから。

しかし同時に、寂しくも感じた。科学技術は確かに劇的なスピードで進歩している。例えば、人類がスマホでSNSに興じている姿なんて、子供の頃には想像すらできなかった。しかしその一方で、「歩数を測る」という人間の行為そのもの、そして歩数を正確に測定することを追求するという人間の行為は、子供の頃から全く変化していない。伊能忠敬は一歩を正確に69センチメートルで歩くことにより全国を測量したのだから、この行為は数世紀も変わっていないことになる。

物理学においても、宇宙の遠くを知りたい、物が何からできているかを知りたい、どんな現象があるかを知りたい、こういった基本的な欲求は、数世紀にわたり変わっていない。それぞれの探究が、宇宙物理学、素粒子物理学、物性物理学を生んだ。数世紀どころか、古代ギリシャにまで遡るのだから、数千年も変わっていないわけだ。

科学技術は格段に進歩し、古代ギリシャとは似ても似つかない生活を送っている我々人間が、古代ギリシャの人々と同じ疑問を科学として探究しているのはなぜだろうか。

この疑問をじっくり考えるには散歩しかない、と家を出た。暗い夜道をブラブラと、右足、左足を交互に出す歩行を行う。急に、答えが浮かんできた。人間の思考はその身体に制限されている。歩く、触る、見る。究極的な宇宙への疑問は、そこへ行ってみたい、目で見たい、触りたい、という身体からの欲求なのだ。人間の身体は何万年も変化していない。だから、不変の研究テーマが人類にはあるのだろう。

僕は、スマホの歩数計のカウントが少しずつ増えるのを見ていた。散歩の夜空は、古代ギリシャの夜空、そして太古の人類の夜空まで、確かにつながっていた。

## 踊る数式

理論物理学者という職業は、数式をいじっている時間が非常に長い職業である。物理現象を表す数式から出発して、それを解くために変形する。足したり引いたり掛けたり割ったり、まとめたり移したり、それを繰り返しているのである。よく飽きないものだな、と思われるかもしれない。何が楽しくてそんな作業をしているかというと、その数式の背後にある物理現象がどんな風に起こっているのかを知りたいから、数式をいじっているのである。

少数だが、ある物理学者は、数式の中の記号を「この人」とか呼んだりする。素粒子物理学の場合、記号は素粒子の種類を表したりする。したがって、「この人」と呼ばれているものは、素粒子を表す記号である。

ある素粒子物理学の教科書では、素粒子の性質の説明の際に、「素粒子たち」と書かれていたりする。著者が知らずに書いているのか、あるいは、わざとなのか、僕には知る由もない。しかし、面白いことに、僕はこのことを他の人に指摘されるまで、全く不思議に思わなかったのである。

　このように、数式の記号や素粒子を、あたかも友達のように人間扱いすることがあるようである。素粒子物理の業界で有名なものに、「シュレーディンガー音頭」と呼ばれる踊りがある。シュレーディンガーは著名な物理学者で、原子の世界の物理を記述する量子力学を考え出した。その微細な世界では、電子はある広がりをもった範囲に雲のように広がっている。そのある位置に電子がどれくらいの確率で存在するのかを教えてくれるのが、波動関数と呼ばれるものである。その波動関数を通常はギリシャ文字のΨ（プサイ）やΦ（ファイ）で書き表す。このΨやΦが、まるで人が手を上げたり下げたりした形に似ていることから、「プサイにファイ♪」という振り付けのついた音頭が作られたのである。僕が学生の頃から何となく伝わっているので、誰が作ったのかは知らない。しかしその源泉は、数式や素粒子を擬人化する、というところにあるようである。

　シュレーディンガー音頭のような伝承的なものでなくとも、素粒子の擬人化には有名な例がある。ノーベル賞受賞者の朝永振一郎が書いた短編小説「光子の裁判」である。光の素粒子「光子」を模して登場する被告・波乃光子が「私は二つの窓の両方を同時に通りました」と供述する。微細な世界の登場人物である素粒子を人に見立て、その性質の不思議さを浮かび上がらせる、という朝永振一郎の見事な手法には脱帽である。

このように、数式や素粒子といった無味乾燥な対象を擬人化してしまうことに、どんな意味があるのだろうか。それは、単なる愛着なのだろうか。

科学の研究において、数式の記号のような抽象的な概念を扱う際、先行して、例えば「人」のようなイメージをつけてしまうことは、問題があるようにも思える。しかし、僕が思うに、実はそうではない。数式のような抽象的なものが登場する時には、たいていの場合、まず先行する具体的なイメージがすでにあるのだ。そのイメージを数式化するので、自然に数式に対してイメージが付与されているのであろう。つまり、数式を擬人化しているのではなくて、数式になる時にすでにイメージがあるのだ、と考えると納得がいく。

現象が数式化されると、その瞬間に世界が抽象化される。そして数式は独自のルールで、自分勝手に動き出す。なぜなら、数の世界とは、足し算や引き算のルールが決まっており、そのルールの範囲内で行ける場所は限られているから、「動き」が見えてしまうのだ。数式を書いた時に用いたイメージにとらわれずに、数式の足し算引き算が変形されていく。結果として、もともとのイメージとは違うところに連れていかれることもある。また、イメージが間違っていることに気づかされることもあれば、イメージと完全に一致した結論が待っている場合もある。イメージの数式化は科学の第一の作業であり、数式が変形されることにより、イメージが科学的な正しさを保証されるのである。

つまり、数式にはイメージが常に付随していて、そのイメージを確かめるのが科学の作業なのだ。だから、ある数式の記号のことを「この人」と呼ぶ科学者がいても、何の不思議もない。

昔から感じていることがある。数式に限らず、ある文字をずっと長い間見つめていると、その文字がどうしてそういう形をしているのかがわからなくなる瞬間がやってくる。そして、ついにその文字がグニャグニャと動き出す。文字と概念が溶け合わさったようになり、それを眺めている自分も同化して、非常に奇妙な感覚に陥り、そして我に返る。そういう時は、もはや、何の文章を読んでいたのか、どんな数式を書いていたのか、そういうことからも離脱してしまっている。

そんなことを感じたことがある科学者は、たぶん、僕だけではないだろう。数式と概念が融和し、自分の無意識がそれを操る。究極的な科学作業の状態とも言えるかもしれない。こういった作業を何百日も続けた後に、ようやく、一つの科学的成果が現れるのだ。

## 危険な物理

また交通渋滞に巻き込まれた。30分前から、高速道路のまんなかでノロノロ運転である。運転する僕はもちろんイライラしているし、一緒に乗っている家族もイライラしている。渋滞が嫌いな人は多いだろう。いや、多いどころか、そもそも好きな人などほとんどいないだろう。車に乗っている人には目的地があるはずで、しかも、そこに到着するのが早ければ早いほど嬉しいに決まっている。だから、予期せぬ渋滞に巻き込まれれば、喜ぶわけがなく、イライラするのみである。

もちろん、かくいう僕も渋滞は嫌いである。そこで、渋滞に巻き込まれた時は、つとめて、渋滞の原因を観察することにしている。渋滞がどのようにして発生しているかを知ってこそ、その渋滞を抜けるのに何分かかるのか、どのレーンを選べば少しでも早く渋滞を抜けられるのか、などの具体的な問題への解答が得られるかもしれない。

実のところ、僕のような理論物理学者のドライバーは、かなり危険なのだ。学者の性質上、すぐに現実世界と自分を切り離して、頭の中の世界で研究を始められるから、いつでもどこでも、自由自在に研究フェーズに入ることができる。だから、運転途中に研究モードに入ってしまう。これは危険この上ない。

どこでも研究できるということは、実験器具がないと研究の遂行が難しい実験物理学者に比べても、大きなメリットだ。例えば、お風呂の中でノーベル賞受賞に至る理論のアイデアを思いついたという益川敏英さんのエピソードは有名だ。もちろん、トイレの中でも満員電車の中でも研究を進められる。体は空間的に束縛されていても、頭の中には広大な平野が広がっている。自由自在である。僕も、新しい研究のアイデアを思いつくのは、歩いている時が多いように思う。

しかし、車の運転は違う。当たり前だが、運転中は信号や様々な交通状況を常に確認していないといけない。だから、身の安全のためには、決して物理学のことを考えてはいけないのである。僕のような物理学者は、放っておくと自動的に研究モードに切り替わってしまうので、運転中はそうならないように、なんらかの方策を考える必要がある。「私は車の運転はしないことにしているんです」と決めている理論物理学者に会ったこともある。大変賢明な判断である。

したがって、理論物理学者同士が同じ車に乗ると、より危険かもしれない。他愛もない話をして、運転している物理学者が運転に集中できるような状態であっても、なぜかすぐに話題が物理学のことになってしまって、物理のディスカッションが始まる。とても恐ろしい状況であることはおわかりだろう。だから、もしあなたが僕の運転する車に乗った時は、つとめて、物理学とは関係ない話をずっと続けるべきである。それがあなたの身の安全のためだ。

さて、そんな僕が運転している時に、今のように、渋滞に巻き込まれたとしよう。もちろん交通安全のためには物理学のことを考えてはいけないのだが、渋滞の状況に関する物理学だけは別である。物理学は、まず、現象の観察から始まる。そして、現象の原因と発生に関する仮説の設定、そして理論計算による予測、最後に予測の検証、という順で物理学の研究は進む。渋滞という物理現象を研究する、それ以外に理論物理学者が渋滞を乗り切る方法があるだろうか。

どのレーンでノロノロ度が高いか、道路は直線か曲がっているか、時々渋滞が解消されてまた戻るか、他からの道路の合流はあるか、などなど、あらゆる観察が重要である。「1キロ先事故車」などという情報が入ったり、見通しが悪くなっている場所や合流箇所が数キロ先にあるとカーナビでわかれば、あと何分で渋滞を抜けられるか、すぐに計算で予測できるのだ。車が止まったり進んだりを繰り返す渋滞で、10秒ごとに速度の測定を行い、統計平均を取って平均時速を割り出す。その平均時速を使って、渋滞を抜けるのにかかる時間を予測計算するのだ。そして最後に、実際に渋滞を抜けた時に、自分の予測が検証される。30分も渋滞に巻き込まれたとしても、自分の予測が30分であれば、喜びもひとしおである。

「予想通り30分で渋滞抜けたで！　ゆうた通りやったやろ」

と喜んで助手席の妻に話しかけたら、返ってきたのは妻の冷たいまなざしだけだった。どうやら、そうやって30分の渋滞を喜んでいたのは、家族では僕だけだったらしい。

# ニンニクの微分

ニンニクの皮を剝き始めてからかれこれ1時間になる。妻の実家から、見事なニンニクと玉ねぎをダンボールに一杯いただいたので、皮を剝き始めたのだった。恥ずかしながら、ニンニクの皮をこんなにたくさん剝いたことがなかった。楽しい。

先週、右手の親指の爪だけ切り忘れていて、それがこんなに役に立つとは。親指の爪をぐっと入れると、その後、ツルッと剝ける。怪我の功名だと思いつつ、ほぼ無心で剝いていた時のことである。

右側には、剝いてテカテカとしたニンニクが積み上がっていく。左側には、ニンニクの皮だけがバラバラと積み上がっていく。

ふと気づいた。右側のニンニクの山に比べて、左側の皮の山は、大きさがほぼ3倍になっているのだ。不思議だ。だって、皮はすごく薄いもので、ニンニク1かけの体積からすれば、皮は非常に小さい体積のはずである。何かがおかしい。

物理学者はこんな時、すぐに「科学モード」になってしまう。傍から見ていると、なんでニンニクを剝きながらそんなにニヤニヤしているんだろう、と思うかもしれない。

僕がニヤニヤし始めた理由は、実はここには、高校の数学で学ぶ「微分」という概念が潜んでいるからだ。その考えを使って、この一見おかしな現象を解明できるだろうか、考えてみよう。

単純化のため、ニンニクを球だと仮定しよう（物理学者はよく、この近似をする。牛を球だと仮定する話は有名だ。44ページの「近似病」参照）。球の体積の公式は、中学校でも学ぶ。一方、ニンニクの皮の面積は、球の表面積の公式だ。実は、球の体積の公式を、球の半径rで微分すると、球の表面積の公式が出てくるのだ。「微分」の定義は、ちょっとだけrを変更した時に出てくる変化分、ということである。つまり、ニンニクの半径rを、皮を剝くことでちょっとだけ小さくすると、体積がちょっとだけ小さくなり、その表面積の分の皮が出てくる、という仕組みなのである。僕は1時間、ニンニクを微分し続けていたのだ。

微分とかいう難しそうな考えを理解しなくても、球の体積と表面積の公式を覚えておけばいいじゃないか、と言われるかもしれない。それは違う。ニンニクは、本当は球ではないから、球ではない時の体積と表面積の関係を知りたい時には、公式は役に立たない。僕は大学教授だけれども、高校で習う「三角関数の公式」など覚えていない。けれども、その考えを理解しているから、必要な時に公式を導けるし、公式の適用範囲外でも使えるように一般化できる。物事の「働き」を理解するということは、そういうことなのだ。

僕は、左側の、ニンニクの皮の山を注意深く観察した。皮は曲がっているので、自然に、積み重なった皮と皮の間には空間ができている。皮と皮の間の距離はおよそ1センチメートル、と見積もれた。一方、ニンニクの半径はおよそ1センチメートルである。右側はニンニク球の体積、左側はニンニク球の表面積に皮間距離をかけたもの、とすると、数字上、左側の体積は右側の体積のほぼ3倍であるという結論に達した。これは、先ほどの観察結果を再現している。僕は再びニヤリとした。

ひょっとしたら、微分という考えを発見したニュートンと関孝和は、ニンニクや玉ねぎを剝きながら考えていたのかもしれない。

科学モードに入ってしまった時の問題点は、他のことが手につかなくなる場合が多いことだ。小さめのニンニクを剝いていた時、「果たしてこのニンニクはどこまで剝けるのだろうか」という疑問が湧いてしまった。玉ねぎのようにどんどん剝いていくと、ニンニクはどんどん小さくなっていった。半径3ミリに達した時、それ以上は僕の伸びた爪では剝けなくなってしまった。

僕はそれ以上剝くのを諦め、包丁でその小さな小さなニンニクを半分に切ってみた。切り口を恐る恐る見てみると、そこには、皮の構造はもはや見当たらなかった。

もちろん、構造が見えないからといって、皮が存在しないことの証明にはならない。僕は、がっかりしたような、安心したような、妙な感覚に襲われた。

「宇宙という名の玉ねぎ」という話を思い出す。原子を剝くと、原子核と電子が出てくる。原子核を剝くと、陽子と中性子が。そしてそれを剝くと、クォークと呼ばれる素粒子が出てくる。人類は、ようやくそこまで、宇宙という名の玉ねぎを剝いた。

その玉ねぎは、さらにもう一回剝けるのだろうか。剝くとどうなっているのか。そして、包丁で切って中を見ることができるのだろうか。

人類の目標は、まだまだ遠い。今日もまた、何十もの論文が発表され、次の皮を剝いた結果を予想している。人類はたくさんニンニクを剝く経験を積み、その構造を理解することで、ニンニクの次の皮を剝くことができるかもしれない。そこには、どんな世界が待っているのだろうか。

## 提灯の物理

僕の所属していた研究所では、毎年夏にバーベキュー大会を開催していた。担当は研究室の持ち回りで、ある年、ついに我々の研究室の担当となった。そこで事件は起こったのである。

物理学は、理論と実験の両輪で進んでいくものである。したがって、研究所には実験の研究室の他に、我々の理論の研究室があった。実験物理学者は「実験屋」、理論物理学者は「理論屋」と呼ばれる。その年まではずっと実験屋がバーベキュー大会を主催していたのだが、ついに、我々理論屋の出番となったのである。

案の定、事件は発生した。バーベキュー大会当日、たくさんの提灯をぶら下げる段になって、ある理論屋が気づいた。「あれ、去年はこの提灯、あそこの街灯の一番上のあたりにぶら下がっていましたよね、どうやって吊るしたんでしょう?」

あたりは騒然となった。高さ5メートルもある街灯である。脚立でも届かない。はしごも立てかけられない。研究室の理論屋が10人も集まって、うなり始めた。まるでコンピューターの心臓部がうなりを上げるように、うんうん、と皆で考え始めた。

「肩車をしたらいいんじゃないでしょうか？」「ほうきで引っ掛けて持ち上げてみたらどうでしょう」「広場の向こうの建物の2階から引っ張るんじゃないですか」

色々な案が出たが、どれも、全く実現できそうもなかった。あげくの果ては、「去年のバーベキュー大会の時に、あの街灯にかかっていたというのは、皆そう信じていただけで、本当はそうではなかったんじゃないでしょうか」といった意見まで出る始末である。

立ち往生して30分ほどたった頃、隣の研究室の研究員がやってきた。実験屋である。

「あれ、橋本さんどうしたんですか？」

「どうもこうも。去年たしかあの街灯の上に提灯ついていませんでしたっけ。どうやってつけたか、全然わからないんですよ」

それを聞くや否や、その実験屋は、提灯につながった電線の端を持って、カウボーイのようにぐるぐると頭の上で回し始めた。そして、街灯のてっぺんをめがけて投げつけた。なんと、うまい具合に、電線が街灯の一番上のくぼみに引っかかった。実験屋は電線をスルスルと引き始めた。すると、電線の反対の端につながっていた提灯が、見事に街灯の頂上に到達したのである。

理論屋の我々は、その一部始終を呆然と見ていた。そして、自然と拍手が沸き起こった。それは、その年のバーベキュー大会で、最も感動した瞬間だった。少なくとも、我々、理論屋にとっては。

物理学は、理論と実験の両輪で進んでいくものである。新しい物理現象が実験で見つかったとしよう。その現象の奥に潜む原理を、新しい理論は解き明かす。そして、理論はその成功に基づいて、新しい物理現象を予言する。その現象が、また実験で確認される。この繰り返しで、物理学は現在の最先端科学にまで発展してきた。

しかし、科学が極限まで巨大化し細分化された現在、実験と理論の分業は進みすぎてしまった。実験屋であり、かつ理論屋でもあるような両輪の物理学者の例を、僕は僅かしか知らない。理論屋と実験屋の思考方法の違いを白日のもとにさらしたのが、バーベキュー大会の提灯の問題だったのである。

ある問題を解こうとする時、理論屋は、手持ちのあらゆる思考を駆使して、頭の中でシミュレーションを行う。しかし、理論屋である僕の傾向として、自分の提案する手法が、実際に問題を解けるかということよりも、いかに奇抜であるか、つまり、他の人が思いつかなそうな解法であるか、を重視するところがある。そのような奇抜な解法は、理論屋同士で褒め称え合う慣習が存在するからである。

そんな慣習がある理由は、困難な問題であればあるほど、他の人が考えたこともないような解法でないと解けないのだ、ということを理論屋は身にしみて知っているからかもしれない。僕らは、そのような科学に身を置きすぎてしまったため、日常の問題に対しても、「ああでもない、こうでもない」と腕組みをして、実現不可能な奇抜な解法をも堪能し合う。もう、職業病なのだ。

提灯事件から6年がたった頃のことである。寒い中、研究室40人でバーベキューに行った。薪（まき）を組んで火をつけようとした時、マッチがないことに気づいた。予想通り僕らは、その後30分間、どうやって薪に火をつけるか、という問題で大いに議論し、盛り上がった。そう、我々は理論物理学研究室である。

## 20年ぶりのパズル

僕はジグソーパズルが嫌いだ。出来上がった絵柄がわかっているものを、わざわざ難しい形に切り分けてバラバラにして、何百にも分かれたピースを元に戻す作業、それがジグソーパズルである。花瓶を買う時に、誰も、割れて粉々になった花瓶を買ってそれを組み上げる者はおるまい。

高校生だった頃、大好きなエッシャーの絵のジグソーパズルを買ったことが、トラウマになっているのかもしれない。エッシャーの絵は白黒で、しかも1000ピースの半分が真っ白だった。ピースの形だけで判断してジグソーパズルを組んでいく作業は、地獄のようだった。その地獄しか記憶していない。

冬も近くなったある日、そんな僕に、普段からお世話になっている科学雑誌の編集者の方が、300ピースのジグソーパズルをくださった。パズルの絵は、素粒子ニュートリノを観測する巨大検出器「スーパーカミオカンデ」の写真。東京大学宇宙線研究所（柏キャンパス）の一般公開で限定販売された、レアもののパズルである。たしか、1時間待ちの行列ができたというニュースを聞いていた。パズルに僕は目を剝いた。心に二つの矛盾する感情が直ちに渦巻いた。

「こ、これ、俺の大嫌いなジグソーパズルやんか……」

「こ、これ、俺の大好きなスーパーカミオカンデやんか……」

もちろん、一人1個の限定販売のパズルを並んで手に入れて、わざわざ僕にくださるのだから、受け取らないという解はない。感謝を申し上げ受け取った僕の手は、若干震えていた。

その次の日曜日である。いよいよ心の準備ができたので、いや、というより、諦めがついたので、箱を開けてみた。そう、スーパーカミオカンデという検出器は、光電子増倍管（フォトマルチプライヤー、略して「フォトマル」）と呼ばれる裸電球みたいに見える装置が、約1万本も並んでいるのである。したがって、パズルの絵柄は、その電球のようなものが、ぎっしりと壁を埋め尽くす写真であった。エッシャーの地獄の記憶が、鮮やかに蘇ってきた。箱の中に入っていたピースを出すと、すべてのピースに電球が印刷されてあるだけであった。こ、これは地獄や……。

はじめのうちは妻も子も楽しそうに参加してジグソーパズルを組み立てていたが、そのうち、子は飽きてしまった。夫婦でパズルをするのも楽しいかもと思いきや、すぐに妻も一言「これは地獄やね」と言い残して去っていった。

1時間ほど無心にピースを眺めていたら、それぞれのフォトマルが可愛く見えてきた。そう、この一つ一つを浜松ホトニクスという会社が作製し、そして実験物理学者がゴムボートに乗りながらインストールした（取り付けた）っけ。ある日、一つのフォトマルが水圧で割れて真空爆縮が起こり、その衝撃波でかなりの数のフォトマルが壊れて、検出器は使用不能となった。しかし実験物理学者たちの懸命の作業により再びフォトマルがインストールされ、検出器は実験を再開できたのである。この検出器により梶田隆章さんは、ニュートリノの振動現象を解明し、ノーベル賞を受賞した。その立役者であるフォトマルが、すべてのピースに印刷されている。無性に、ピースが可愛く思えてきた。

そうや、フォトマルをこの手でインストールするという貴重な機会が、ようやく自分にも回ってきたんや。そう気づいた時、がぜん、やる気がみなぎってきた。大学生の頃、物理実験が下手で、卒業研究の実験でも25万円もする検出器に高すぎる電圧をかけて壊してしまったことがあった。自分は実験には全く向いていない、ということを思い知った経験だった。それ以来、実験には憧れだけを持ち続けていた。今、目の前に、自分で少しだけやり直せる機会がやってきたのだ。

ピースをよく見ると、フォトマルの表面からの光の照り返しが、少しずつ違っている。フォトマルにフォトマルが映り込んでおり、そこにまたフォトマルが映り込んでいる。向きも少しずつ違う。そうか、こっちのフォトマルはこっち向きか、で、底面のフォトマルはこちら向き……。

いつのまにか、ジグソーパズルは完成していた。美しい。自分でインストールしたフォトマルが、綺麗に並んでいる。まるで自分で物理実験を完了したかのような、小さな感動があった。

途中を手伝った我が子は、フォトマルの間から飛び出る一本の棒の写真に気づいた。なぜこんな場所に棒が出ているのか。このジグソーパズルを組まなければ、気づかなかったことだろう。そう、スーパーカミオカンデは、精緻な巨大科学なのだ。自分の子供の小さな科学の芽を育ててくれた、このパズルに感謝したい。

でも、ジグソーパズルは二度としない。

## 古代文明と時間旅行

誰がなんと言おうと古代文明が好きだ。エジプト文明なんて胸が躍る。ピラミッドを古代エジプト人がどう造り上げたか、といった記事がオカルト雑誌に載っているのを見つけるにつけ、熟読する。科学者がオカルト雑誌を読んで何がまずい。好きなものは好きなのである。

特に心が躍るのは古代文字だ。くさび形文字の奇妙キテレツさといったら、許容範囲をはるかに超えている。だって「くさび」だけなのだから。エジプト文字は、まだ行儀がいい。古代の漢字と同じく、文字が絵となっており、その絵から意味が類推できる気にさせてくれる。巨大な石に、一文字一文字見事に彫られたエジプト文字は、それを撫でているだけでうっとりするのだ。

ピラミッドの建築方法を科学的に想像するのは楽しいが、僕は文字の方が好きである。これは、僕が理論物理学者であって実験物理学者ではないからかもしれない。日々の研究は、自分のノートや黒板に計算の数式を書くだけである。一日中、数式を書いている。ふと思う。僕の数式の書かれたノートを、3000年未来の人類が見たとしたら、たぶん、エジプト文字のような感覚で見るのではないか、と。もしそうなら、大事だ。黒板に数式を書くのではなく、石に刻んでおかなくてはならない。あれ、ひょっとしたら現代でも、僕の書く数式は、見てもわからない人が過半だから、くさび形文字みたいに見えるのかもしれない。

古代文字が好きなのは、それがタイムマシンになっているからだろう。文字なんていうのは、人間の手で直接書かれるもので、しかも、その人が考えて伝えたいことがそのまま直接情報として残っているメディアである。だから手書きの文字を見れば、それを書いた人が手を動かしたその瞬間に、いきなり自分が移動できるのである。それはタイムマシン以外の何物でもない。

小説を読んでいる時というのは、小説家の書いた文章を頭の中でなぞっているわけだ。結局「読む」という行為は、小説家の頭の中を自分のタイムラインで再現するという行為だから、タイムマシンに乗っていることになるのだ。

もちろんタイムマシンは、現代から離れれば離れるほど、その威力を発揮する。だから、古代エジプト文字をなぞるのは、異様なまでの恍惚感を与えるのだ。僕はパリに行くことがあれば、必ず夜にルーブル美術館を訪ねる。ルーブルには膨大な古代エジプトの美術品が展示してあり、エジプト文字の史料も一級品ばかりがずらずらと並んでいる。僕が直行するのは、「古代エジプト文字を読んでみよう」というコーナーである。そこには、古代文字をアルファベットに翻訳する辞書が掲示してあり、それをもとに、自分でも王の名前などを読むことができる。

古代エジプト文字は、一見、漢字のような表意文字と思われるかもしれないが、実は表音文字、つまり絵の一つ一つが音を表しているのだ。その辞書を覚えると、「カルトゥーシュ」と呼ばれる丸い記号で囲まれた古代エジプト王の名前を、自分で読むことができるのである。本物の古代エジプトの石碑の前で、ブツブツと古代エジプト文字を読み上げることの楽しさ。僕はその一つのコーナーの前に立ち尽くして、何時間も至福を堪能するのだ。

古い科学書を探し歩く癖も、古代文字好きであることと深く関係している。先日、15世紀の数学書を古書店で発見して買ってしまった。数式の印刷された古い紙を指でなぞるのが、大変幸せである。これを書いた人、当時読んだ人がどんなことを考えていたのだろう、と想像するだけで頭がいっぱいになる。

もちろん、その数学書は古いためかなり高価だったので、買ったことを妻には秘密にするしかなかった。が、やはり自宅でもそれを鑑賞したくて、家の机でそれをそぉっと取り出して、指でなぞっていたら、妻に見つかってしまった。「なにしてんのぉ」の言葉に、言い訳を全く思いつかなかったので、古書店で買ってしまった顚末(てんまつ)を、古代の書籍や文字に対する愛情があふれてしまっていることを細かに説明しながら、弁解した。無断で高価な買い物をしたことを怒られるかとビクビクしたが、妻の返事は違った。

「アンデス文明とかは、マヤ文明と違って、文字すらないかもしれんねんで。古代文字だけがロマンなんちゃうわ。例えばな、メキシコのテオティワカンとかは……」

なんと、こんな近くに、僕よりさらに先へ行った同胞がいたとは。人生、わからんもんである。その後、妻とひとしきり、古代文明談話に花が咲いた。至福である。

# ハンカチのありか

朝、出勤前の僕に、妻が「ハンカチ持った？」と聞く。まるで小学生並みの扱いであるが、僕はよく忘れ物をするので、反論はできない。しかし、この時だけは反論ができた。

「ズボンのポケットにずっとハンカチ入ってるから大丈夫」

もちろん、妻は呆(あき)れている。ポケットにハンカチを入れっぱなし、ということは、ハンカチはズボンのポケットの中で一緒に洗濯も乾燥もなされている、ということだ。そのことを、妻は許せないらしい。「ハンカチは洗濯のたびにきちんと別にすること」という言葉が降ってきた。

僕はズボンを2本しか持っていない。しかもその2本は、全く同じジーパンである。それぞれのジーパンのポケットには、常にハンカチが入っている。そして、ハンカチは、かなりの汚れが付着した時にしか、洗濯の時に別々にはしない。それには理由がある。一日にハンカチを使う機会は限られている。大学でトイレに行って手を洗った後に手を拭くか、メガネにホコリがついた時にそれをぬぐうか、である。それぞれ、一日に1回あるかどうか、だ。トイレの後でも、手を洗った後なのだから、ハンカチは汚れず、濡れるだけだ。メガネのホコリなんて、量はたかが知れている。すなわち、ハンカチはほとんど汚れないのだ。ということは、ハンカチをわざわざ毎回、別にして洗う必要はないと論理的に結論できる。

別々に洗うと、デメリットがあるのだ。つまり、ハンカチをズボンに入れ忘れるのである。もしハンカチを家に忘れると、大変困る。トイレの後で洗った手を拭けないから、手を自然乾燥させる羽目になってしまうし、メガネのホコリを指でぬぐえば指紋がついてしまって、その後は気になって仕方がない。だから、家にハンカチを忘れないように、ズボンに入れっぱなしにしているのだ。

このように、ハンカチとズボンを常に一緒にしておくのは、生活常識を学び損なった、と言えなくもないだろう。しかしながら僕はこれを、生活のアップリフト（向上）と呼んでいる。

結局のところ、人生のほとんどの時間は、カスタマイズされた一連の作業を黙々と実行することに過ぎない。朝起きて、どちらの足からベッドを下りるか、寝巻きをどう脱ぐか、リビングまでどう歩くか、といった作業から始まり、夜にベッドに入るまで、ほとんどの作業は、毎日毎日、同じものである。その作業をする際に、毎回忘れていないか確認するようでは、生活が立ちいかない。だから、カスタマイズするのである。

日常を忘れて旅行をしたり、休日に娯楽を楽しんだりしたとしても、この日常の作業から逃れることはできない。右手で箸を持つ時にどうするか、座る時に椅子をどう持つか、呼びかけられた時にどう対応するか、といったすべての作業が、自分にずっとつきまとっているのである。だから、たとえ登山をしようとも、それは生活からほんの一部だけ逃れているに過ぎないのだ。

ハンカチをズボンに入れっぱなしにするという「ライフハック（生活術）」は、単に自分が生活をする上で、より自分の性質に合った生活を、それほど考えずに実行するための向上案にしか過ぎない。しかし、それを奇異な目で見る妻の気持ちも、よく理解できる。

僕はそんな妻を、僕の理解者として常に感謝している。そう、今の家に引っ越してきてしばらく、キッチンの流しの上の棚の扉に頭をぶつけることがあった。棚の中の食器を取り出した後、扉を閉め忘れてしまうのである。閉め忘れた扉に、頭を強くぶつけ、痛みにうずくまる。その事象が何度も何度も発生したため、夫婦で対策を練った。ぶつけないように、棚からひもをぶら下げたり、小さな人形をぶら下げたりしたが、効果はなかった。

ある日、大学から帰宅して、お皿を取り出すためにその扉を開けてみると、扉の内側に張り紙がしてあった。そこにはこう書いてあった。「開けたら、どうする?」

僕はすかさず、「そりゃ、閉めるに決まってるやん」と言いながら、扉を閉めた。その時、はたと気がついた。妻の戦略にはまった、と。

クイズを出されるとムキになって答えようとする僕の性質を突いた、妻のアイデアだったのである。その後、僕は一切、扉に頭をぶつけることがなくなった。

一つ一つ考えずに生活を安全に送ること。これは、そういった生活の上に成り立つ、様々な新しい経験や創造性の発揮、という人間の喜びの基盤となっている。だから、僕は生活のカスタマイズに勤しむ。

今日のズボンは、右のポケットと左のポケットの両方に、ハンカチが格納されていた。素晴らしいことである。

## 整理整頓をしてしまう

書店をぶらぶらしていた時のことである。同じシリーズの本がたくさん並んでいるコーナーで、本がどんな順番で並んでいるのかが気になった。よく見ると、本の背表紙の一番下に番号が印刷してある。シリーズの通し番号だろう。書棚の端から順に背表紙を見ると、その番号の若い順になっていることが見て取れた。

見始めると、番号が気になって仕方ない。そこで、書棚の左上から順に、背表紙の番号を調べていくことにした。すると、ところどころ順番が間違っている。僕はその順序を直し始めた。10分ほどして、綺麗に並べ替えることに成功した。気づかないうちに、僕の後ろには書店の店員さんが立っていた。

僕は整理整頓が好きな方ではない。大学の部屋の机の上も、色々な書類が積み重なり散乱したままである。しかも、中途半端だ。物理学者には極端な人もいて、例えば震度3の地震が来れば書類の山が崩れるほど、書類が積み上がっている先輩研究者もいる。一方で、部屋の中には机と椅子しかない、全く物を置かない、がらんどうの部屋で過ごしている数学者もいる。僕はそのいずれでもないので、中途半端である。

しかし、全く役に立ちそうもないことについて、真剣に整理整頓をしてしまうことがあるのだ。先週自宅に5キロのみかんが届いた。みかんが無造作に机の上に積み上がっていたので、それを整頓し始めた。同じ大きさの球を積んでいくのは大変楽しい。立方格子状に組むか、六方最密構造で組むか。最密充填構造についてのヨハネス・ケプラーの予想は本当であるか。無心にみかんを積む。もちろん、その後ですぐ子供たちに壊されるのだが、それを修繕するのも楽しい。

みかんを並べることとは、「腐らないように保存するため」「美味しそうに見せるため」といった理由を後で付け加えることもできるが、それは自分に嘘をついている。純粋に、楽しく整理整頓をするためである。

小さい頃に習っていた習字が原因だろうか。小学校のノートでも、字を綺麗に書こうと思い始めて、明朝体のフォントを真似て、まるで教科書のようなノートを作ったことがあった。もちろん、一ページ全部書くと飽きてしまって、次のページからはいつもの汚い字に戻るのだが。つまり整理整頓を始めると、そこだけは念入りに美しくしないと気が済まなかった。

そんな風に書いた字は、まるで印刷した文章のように美しいけれども、実は文章の中身にこだわりはない。文字のフォントが教科書体や明朝体なら満足で、その内容や、綺麗に書くことの意義は特になかった。小学生時代から、純粋に楽しみのためだけに、色々なものを思いついたように綺麗にしていたようだ。

このように、特定の一部のみを異常なまでに美しくするという癖は、理論物理学者という職業に就いた今も、科学の作業として続いているようだ。物理学の理論には、その理論が適用できる限界がある。投げられたボールの軌道を決める運動方程式は、それが地面に当たるまでだけを記述する。地面にいったん当たれば適用外だ。つまり、適用できる状況の中では、完璧なまでに美しく論理的に理論を構成する。一方、その状況の外においては、美しく成立することを期待しない。

物理学においては、「実験」と「理論」が両輪になって研究が進んでいく。理論側では、今まで知られていた理論に基づいて、その適用範囲のちょっとだけ外までを綺麗に構築しようと試みる。それがどれだけ綺麗になっているか、という点は理論を評価する上で重要なことだ。「綺麗」というのは、整理整頓されているという意味である。理論にはたくさんの自由度があるため、それらが整然と、少ない自由度だけで書かれている時、その理論は美しい。

「この並べたみかん、食べてもええの？」。思索に耽っていると、妻の声がする。えっ、せっかく並べたのに。そう思ったが、考え直す。興味の赴くままに整理整頓しすぎて、本来の目的に沿わないのだ。みかんは食べるものであって、並べるものではない。ええよ、と言いながら、僕はみかんを食べ始めた。

確かに、一度整理整頓すると、そこに払った努力がもったいないと思うようになり、壊すのが惜しくなる。不必要なものでも、整理整頓すると捨てられない。美しく並べられた「全点セット」で持っていたいという欲求が発生する。

そんな時には、物理学の歴史を思い出す。物理学で革新が起こるのは、従来の理論を近似として残しつつも、その奥底に潜む新しい整理整頓の原理が発見される時だ。アインシュタインの特殊相対性理論も、ハイゼンベルクとシュレーディンガーの量子力学も、そうである。いずれも、20世紀の物理学の金字塔だ。物理学は、一度整理したものをさらに美しく壊すものなのである。

そんなことを思いながら、みかんの皮をゆっくりと剝くのであった。

# 緑の散歩道と科学

朝の散歩は心地いい。散歩道のほとりには、色々な花が咲いている。黄色い花やピンクの花。綺麗だな、と眺めているうち、ふと思った。なぜ僕は花を綺麗だと思うのだろう。

そんな素朴な疑問が頭をよぎったが最後、ボケーッと歩いていた心地いい散歩は、一風違う、論理演繹の散歩に変わる。お楽しみの、科学の時間だ。そう、なぜ僕は花を綺麗だと思うのだろうか、その理由が知りたくてたまらなくなる。

花には様々な色がある。そうか、花が目立つのは、葉っぱが全部緑でつまらないからなのではないか。そうに違いない。

「花がムッチャ綺麗なんは、葉っぱが綺麗ちゃうからやんなぁ」と、散歩で隣を歩く妻に話しかけた。すると「はぁ？　なにゆうてんの？　葉っぱも綺麗やんか」と怒られてしまった。

確かに、僕は葉の緑も好きである。けれども、現在の問題は好き嫌いではなく、花をなぜ綺麗だと感じるのかという問題である。僕は妻の意見を無視し、「葉っぱの色が単調すぎる」説をさらにたどってみることにした。

つまり、花がなぜ綺麗なのか、という問題の答えは、葉っぱが全部緑色で単調すぎるから、と自分を納得させたのだが、すると次の問題がやってくるのである。なぜ、すべての葉っぱは緑なのか？

答えはもちろん、中学校の理科で学んだように、植物は光合成でエネルギーを作り出すのであり、光合成を行うのは、葉っぱの中にある葉緑体だからである。

ここで注意すべきは、光の反射の性質である。物が緑色に見えるという時には、実はその物は、他の色の光を吸収しているのだ。これも中学校の理科で学ぶのだが、太陽の光は、赤や青、緑、といった様々な色の光が重なっていて、全部で白くなっている。その光が葉っぱに当たった時、赤や青が葉っぱに吸収されて、緑だけが吸収されない。だから、緑の光だけが反射されて、葉っぱは緑色に見えるのだ。葉緑体は、もっぱら、赤や青といった、緑ではない色の光を吸収して光合成をしているのだ。

それではなぜ、植物は緑色の光を吸収しないのだろうか？　光合成を行うには、どの色も吸収すれば都合がよいだろう。それなのに、なぜ緑色だけは特別に、吸収しないことになっているのだろうか?

それさえ解ければ、花がなぜ綺麗なのかという大問題に一つの答えが見つかるのに、と苦心しながらの散歩が続いた。容赦なく、目には木々の美しい緑が飛び込んでくる。くっそぅ、僕は科学者なのに、こんな毎日の問いにも答えられないボンクラなのか。

色々な解を頭の中で検討し始めた。どうせ、僕のよく理解していない光合成の複雑な仕組みのせいだろう。化学反応のエネルギー効率の特殊性に帰着されるんじゃないか。それなら化学だから、僕は物理学者だし、わからなくても仕方がない。

いやいや、これには生物の進化的な理由があるんじゃないか。たまたま緑が選ばれて、偶然の産物だから、説明などできないんじゃないか。進化は生物学、僕は知らないから、わからないのも当たり前だ。

こんな風に、自分が答えを思いつかない理由すら探し始める始末だ。でも実は楽しい。なぜなら、知らないということは、一番ワクワクすることだからだ。

有力な解を思いつかず、足を速めて、自宅へ直行した。そう、家に着けば、ネットの世界で先行論文を検索して、科学の先人たちの知恵を誰でも拝借できるのだ。急いでパソコンを開き、検索してみた。すると、日本の大学の研究成果のプレスリリースがいくつか見つかった。

僕は仰天した。答えは、僕の専門の物理学に帰着するからだ。その生物学研究では、植物が緑色の光を吸収しないのは、太陽からの様々な色の光のうち緑色の光が強すぎるからだ、と主張されていた。つまり、あまりにも光を吸収しすぎるとダメージがあるため、最も強い緑色の光はなるべく吸収しない仕組みになっているという。

この説を信用するとすれば、原因は太陽の光の構成にある、ということになる。実は、太陽の光は「黒体輻射(ふくしゃ)」と呼ばれるルールで構成されている。黒体輻射は温度だけで決まる光だ。太陽の表面温度はおよそ6000度だと習った記憶がある。手元のメモ用紙で計算する。黒体輻射の数式に表面温度を代入し、最も強い光の波長を計算すると、約500ナノメートル。おお、これは、緑色を示す波長ではないか！

僕はベランダからぼんやり、家の周りの木々を眺めた。そうか、花が綺麗なのは、太陽のせいか。他の恒星系に生まれていたら、生物の色も全く違っていただろう。黒体輻射の公式の発見から量子の世界を導いたドイツの物理学者マックス・プランクに想いを馳せながら、僕は、木々の緑の美しさにまた心を奪われていった。

## 研究という名の麻薬

最終講義、というものがある。大学で、定年退官する教授が最後の最後に行う特別な「講義」のことだ。毎年、年度末になると、全国の大学で最終講義が開催される。とりわけ、自分の恩師の最終講義、といったものは、教わった学生にとっては感慨深いものである。

退官する教授によって、最終講義はずいぶんと違う内容になる。2020年春に退官したK先生は最終講義で「実験屋は人生を最終講義で語り、理論屋はガチの物理を最終講義で語る」と言い切り、実験屋のご自身の人生を語られた。その後の理論物理学の先生の最終講義では、確かにガチの物理学がたくさんの数式とともに披露された。

一方、退官したT先生は、「最終講義は生前葬だ」と言い切った。つまり、社会生活の終わりを宣言する、との意味だろう。生きているうちにお世話になった方にお礼を言う機会であるという意味でもある。

僕もいつかは最終講義をするかもしれない。そう思うと、とても嫌な気持ちがする。それはなぜかと考えてみると、最終講義でよく聞かれる最後の質問が思い当たった。「先生にとって、研究とはどういうものだったでしょうか」

この質問には戸惑う先生も多いし、すでに答えを用意している先生もいる。しかし僕が引っかかるのは、この質問が過去形であるということだ。つまり、研究は過去のものであり、教授職を退官するというのは、研究の終わりであるということ、それが受け入れられないのだ。

先日、唐突に、あるインタビューで「先生にとって研究とは？」と尋ねられた。僕はこう答えた。「趣味ですね」

事実、研究は趣味なのだ。楽しくて、楽しくて、たまらないのだ。時間を忘れてしまうのだ。だから、ある年齢が来たらそれで終わりになるようなものではない。これが、最終講義への違和感なのだと思う。

一般に社会で広く受け入れられているのは、研究とは長く苦しいもので、それに耐えた者だけが研究成果という栄光を手にする、という「研究者像」である。確かに、研究においては長く苦しい時間もあるのだが、実は、研究そのものが苦しいのではない。研究が楽しいから、苦しい時にも時間を忘れて没頭してしまうのだ。

ある一定の苦しみの後に、なんらかの発見があり、「ひょっとしてこのことを知っているのは世界で僕一人なんじゃないか」という「ウヒヒ」的な喜びを味わう。これが、研究が病み付きになってしまう麻薬的な理由である。このサイクルを何十回も経験すると、苦労を苦労とは思わなくなり、非常に長い目で研究の苦しみと発見の両方を楽しむ自分が形成されていく。これが、研究が趣味となる境地だ。

想像なのだが、研究が趣味だという考えの研究者は、非常に多いのではないかと思う。「趣味」と呼ぶのは、国費を使った研究の正当性がなくなるので具合が悪いのだが、謎を解明することの楽しさが研究をドライブする、という意味での「趣味」が研究者を形作っていると僕は信じている。

こんな人間に育つためには、もちろん、この麻薬のサイクル「苦労→発見→苦労→発見→……」を学生に経験させる先生が必要だ。それが教授である。そしてサイクルに組み入れられた人間たちのマフィア的組織が必要だ。それが物理学会である。

僕も例に漏れず、大学院に進学してすぐの頃、そういったサイクルを体験させられた。今や恩師のH先生に、ある物理学の問題について聞きにいった時のことである。「ほう、それは面白いね、橋本くん。自分で解いてみたら?」

何週間かかけて、いくつかの計算をやり遂げたところ、結果は自分で予想していた通りになった。僕は有頂天になって、H先生に報告した。するとH先生が言った。「橋本くん、すごいやん。ほいだら、こういうのも計算してみたら?」

この繰り返しが何度も何度も小刻みで起こることが、麻薬的な効果を生むのである。いつの間にか、自分で問題を設定して自分で解く、という完全に自立した麻薬常習者になってしまった。世間はそれを研究者と呼ぶ。

麻薬から足を洗うのは、本当に難しいらしい。そう、だから、僕は最終講義の「過去形の質問」が理解できないのだ。研究は、いつまでたっても、過去形にはなり得ないのだから。

そうか、最終講義は退官する本人が楽しむものではないんだ。聞く方が楽しむのだ。マフィアのボスとしての先生、つまり自分をこの悪魔のサイクルに誘い入れた先生が、いかにこの麻薬から足を洗い得るのか、それだけを楽しみに聞きにいくのだ。

そう考えたら、自分の最終講義も楽しみになってきた。悪魔のサイクルから抜けられずにもがく65歳のオッサンを存分に見せるのだ。お前たちよ、よく見ておけ、この「研究」という麻薬から抜けるすべはないのじゃよ。

## 問診票

【お名前　　　　　　　　　　　】【　　年　　月　　日】

本書を服用になる前の症状をお聞かせください。

1. 理系ワードを聞いた時、ポカンとしましたか。【はい・いいえ】
2. 数式に目を背けましたか。【はい・いいえ】
3. 奇妙な現象に無関心でしたか。【はい・いいえ】

その症状はいつごろからでしたか。【　　年前】

ご家族に同様の症状の方はいらっしゃいますか。【はい・いいえ】

今までに理系力を鍛える手術の経験がありますか。【はい・いいえ】

「はい」の場合▼ その手術はどんな本によるものですか。【　　　　】

こどもの方へ▼ さんすうは、にがてでしたか。【はい・いいえ】

本書を服用後、症状改善の確認に以下の自己診断チェックシートをご活用ください。

- 安易に「無限」という言葉を使うのは、やめておきたいですか。【はい・いいえ】
- ギョーザを作る時には、皮が残らないようにしたいですか。【はい・いいえ】
- 「経路積分」といった言葉をかっこいいと感じますか。【はい・いいえ】
- 理学部語を操ってみたいと希望しますか。【はい・いいえ】
- 街中でふと数字を見た時に、立ち止まりますか。【はい・いいえ】
- スーパーマーケットに入る前に、順路を検討しますか。【はい・いいえ】
- 人間の大きさを近似してみましたか。【はい・いいえ】
- 歩数計を手でブンブン振ってみましたか。【はい・いいえ】
- ニンニクの皮を剝き続けてみましたか。【はい・いいえ】
- 科学は美しいものだと感じたいですか。【はい・いいえ】

以上の10の質問のうち一つでも「はい」の答えがあれば、症状は劇的に改善しています。

## さらに思考法を深めたい方へ

この先、さらに物理学の面白さにどっぷり浸かってみたいとご希望の方のために、参考図書リストをここに挙げます。良き伴侶となさってください。

（一）素粒子物理学をより知りたい方へ

- 『重力とは何か　アインシュタインから超弦理論へ、宇宙の謎に迫る』大栗博司（幻冬舎）
- 『大栗先生の超弦理論入門／九次元世界にあった究極の理論』大栗博司（講談社）
- 『クォーク第2版　素粒子物理はどこまで進んできたか』南部陽一郎（講談社）
- 『宇宙は何でできているのか　素粒子物理学で解く宇宙の謎』村山斉（幻冬舎）

（二）物理学者が語る物理学と数式の世界を知りたい方へ

・『数学の言葉で世界を見たら　父から娘に贈る数学』　大栗博司（幻冬舎）
・『超ひも理論をパパに習ってみた』　橋本幸士（講談社）
・『「宇宙のすべてを支配する数式」をパパに習ってみた』　橋本幸士（講談社）
・『不思議の国のトムキンス復刻版』　ジョージ・ガモフ（白揚社）

（三）物理学者が見る世界をさらに知りたい方へ

・『湯川秀樹　詩と科学』　湯川秀樹（平凡社）
・『量子力学と私』　朝永振一郎（岩波書店）
・『寺田寅彦　随筆集』一～五　寺田寅彦（岩波書店）
・『部分と全体／私の生涯の偉大な出会いと対話』　W・ハイゼンベルク（みすず書房）
・『ご冗談でしょう、ファインマンさん』上下　R・P・ファインマン（岩波書店）

## おわりに

こんなに楽しい物理学者の世界を、もっと世の中に知ってほしい、そんな風に思い始めたのは2010年に初めて自分の研究室を持った頃でした。毎日、同僚の物理学者たちとの会話は笑いと論理で満ちあふれていました。どれだけ相手を圧倒する論理と新しい視点を繰り出せるか、その闘いの毎日は、失敗を認め合う科学コミュニティの環境の中で、大きく醸成されます。それが、僕の周囲の「物理学者ワールド」なのです。

物理学だけでなく物理学者を世の中に知ってもらいたい、という夢を実現するには、自分という物理学者をまず切り出してお見せするしかありませんでした。幸い、2016年の1月から月刊『小説すばる』にて見開き2ページの短いエッセイ「異次元の視点」を連載させていただけることになり、僕は自分自身を世に出したのです。そのエッセイの中から、とっておきの物理学者の思考法を披露できたものを選び抜き、本書がつくられました。

もちろん、関西人である僕は「笑いをとってナンボ」の世界で育ったので、失敗談による自己ツッコミのエッセイも、結局は多くなっています。失敗はおおよそ、世間の常識と物理学的思考の乖離によるものです。物理学的思考に徹する僕を、常識の世界に引き戻してくれるのは、エッセイにもたびたび登場する妻です。妻なくしては、僕は理系の果てまで暴走し、世の中から隔絶した生活を送っていたこと、間違いありません。毎日、適切なタイミングで僕を世界に引き戻してくれる妻に、この場を借りて心から感謝したいと思います。

物理学的思考法が育つのを手助けしてくださったのは、僕の周りの物理学者の友人や先輩たちです。「奇人変人」と紹介して本当にすみません、それが愛情表現だということは物理学者ならご理解いただけると信じます。これをお読みの物理学者の皆さま、今後とも僕とよろしく理学部語でお付き合いください。

麗しき理学の世界に僕が入ることを認めてくれた両親、そして僕の物理学モード満載のエッセイ執筆を励まし続けてくださった『小説すばる』編集者の眞田尚子さんと佐田尾宏樹さん、エッセイをこの新書にまとめてくださった編集者の田中伊織さんに感謝いたします。

最後に、本書で紹介した甚だ個人的な物理学者ワールドを入り口にして、科学に興味を持ってくださった読者の方々に、お礼申し上げます。ぜひ物理学的思考法を応用してください。心に、科学を。

２０２０年12月吉日　大阪にて　　橋本幸士

本書は、『小説すばる』（集英社）の連載「異次元の視点」（二〇一六年一月号～二〇二一年二月号）とブログ『Dブレーンとのたわむれ』（二〇一四年三月）に掲載した原稿を大幅に加筆・修正したものです。

図版制作　タナカデザイン

橋本幸士　はしもと　こうじ

京都大学大学院理学研究科教授。1973年生まれ、大阪育ち。専門は理論物理学、超ひも理論、素粒子論。1995年京都大学理学部卒業、2000年京都大学大学院理学研究科修了、理学博士。東京大学、理化学研究所などを経て、2012年大阪大学教授、2021年より現職。著書に『超ひも理論をパパに習ってみた』、共著に『ディープラーニングと物理学』（共に講談社）など。



インターナショナル新書〇六七

物理学者のすごい思考法

二〇二一年二月一〇日　第一刷発行
二〇二一年七月二四日　第七刷発行

著　者　橋本幸士
発行者　岩瀬　朗
発行所　株式会社 集英社インターナショナル
〒一〇一－〇〇六四 東京都千代田区神田猿楽町一－五－一八
電話 〇三－五二一一－二六三〇
発売所　株式会社 集英社
〒一〇一－八〇五〇 東京都千代田区一ツ橋二－五－一〇
電話 〇三－三二三〇－六〇八〇（読者係）
〇三－三二三〇－六三九三（販売部）書店専用
装　幀　アルビレオ
印刷所　大日本印刷株式会社
製本所　大日本印刷株式会社




ISBN978-4-7976-8067-6　C0242